家居设计
布局与尺寸
全书

日本株式会社 X-Knowledge　编著

唐文霖　译

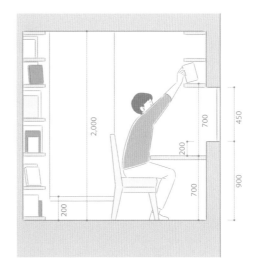

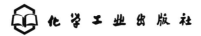

化学工业出版社

·北京·

内容简介

本书从设计的尺度入手，对有关住宅设计和装修施工的常备数据尺寸进行了全面细致的图解，包括人体的基本尺寸、室内坐卧起居等空间的基本尺寸、住宅设备的基本尺寸等三大部分内容。书中对每个家庭中都会涉及的家具、家电、自行车等物品的尺寸及其收纳所需的空间数据都进行了详尽的收录，对空调、照明灯具等安装需要的尺寸也作了说明，方便在设计时对这些必备物品了然于心。值得一提的是，本书还专门收录了无障碍空间的尺寸与布局、适合宠物居住的布局、户外用品的专属收纳布局等个性化的设计，便于设计师根据不同居住者的生活方式灵活变化应对，一本书涵盖了家居设计的方方面面！

本书既适合住宅设计师、室内和装修设计师及施工人员等在工作中参考，也可供相关专业院校师生、培训学校师生等参考阅读。

ISSHO TSUKAERU SIZE JITEN JYUUTAKU NO REAL SUNPO KANZENBAN
© X-Knowledge Co., Ltd. 2022
Originally published in Japan in 2022 by X-Knowledge Co., Ltd.
Chinese(in simplified character only)translation rights arranged with X-Knowledge Co., Ltd. TOKYO, through g-Agency Co., Ltd, TOKYO.

北京市版权局著作权合同登记号：01-2023-0261

图书在版编目（CIP）数据

家居设计布局与尺寸全书/日本株式会社X-Knowledge编著；唐文霖译. --北京：化学工业出版社，2024.10. --ISBN 978-7-122-46079-0

Ⅰ.TU241

中国国家版本馆CIP数据核字第2024JB1211号

责任编辑：孙梅戈　　　　　　　　　文字编辑：冯国庆
责任校对：李雨函　　　　　　　　　装帧设计：韩　飞

出版发行：化学工业出版社（北京市东城区青年湖南街13号　邮政编码100011）
印　　装：北京军迪印刷有限责任公司
889mm×1194mm　1/16　印张8½　字数291千字　2024年10月北京第1版第1次印刷

购书咨询：010-64518888　售后服务：010-64518899
网　　址：http://www.cip.com.cn
凡购买本书，如有缺损质量问题，本社销售中心负责调换。

定　　价：78.00元　　　　　　　　　　版权所有　违者必究

CONTENTS
目录

PART 3

住宅设备的基本尺寸

美术指导：
米仓英弘（细山田设计事务所）
书籍设计：
能城成美（细山田设计事务所）
DTP：
Tkcreate
印刷、装订：
Shinano 书籍印刷
插图绘制：
Naoko aono 加藤阳平
鸭井猛　小松一平
志田华织　杉本聪美
田岛广治郎　土屋敦信（Clay-roof）
中川展代　长冈信行
长谷川智大　滨本大树
坂内正景　堀野千惠子
若田纱希　若原久子（若原工作室）

图例

设计的基本尺寸	-------------------------------
大于基本尺寸	-------------------------------
小于基本尺寸	-------------------------------
采光	☀ ——————————▶
通风	▪▪▪▪▪▪▪▪▪▪▪▪▪▪▪▪▪▪▶
视线	◀-------------------------------

PART 1

人体的基本尺寸

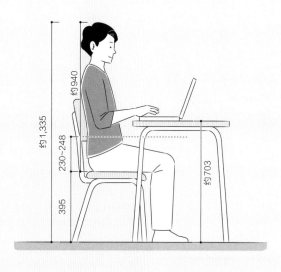

日本成年男性的一般身高为1715mm

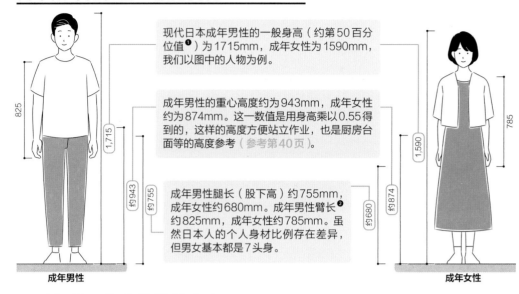

现代日本成年男性的一般身高（约第50百分位值❶）为1715mm，成年女性为1590mm，我们以图中的人物为例。

成年男性的重心高度约为943mm，成年女性约为874mm。这一数值是用身高乘以0.55得到的，这样的高度方便站立作业，也是厨房台面等的高度参考（参考第40页）。

成年男性腿长（股下高）约755mm，成年女性约680mm。成年男性臂长❷约825mm，成年女性约785mm。虽然日本人的个人身材比例存在差异，但男女基本都是7头身。

成年男性　　　　　　　　成年女性

不同年龄、辈分的模特身高

老年男性（70岁）的模特身高为1640mm，老年女性为1510 mm。

6岁男孩的一般身高为1165mm，女孩为1156mm。图中以正处于发育期的11岁模特为标准，男生的身高为1452mm，女生为1468mm。

对于玄关等半室外场所，需参考穿鞋时的身高。

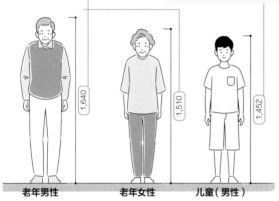

老年男性　　　老年女性　　　儿童（男性）

表	鞋跟的高度					单位：mm
项目	男性			女性		
	低	标准	高	低	标准	高
皮鞋	20	30	50	20	50	80
靴子	—	40	—	35	70	110
凉鞋	20	40	80	20	60	115
雨鞋	20	30	40	20	30	40

住宅设计高度的设定中必不可少的要素是居住者的身材，理论上只需参考居住者的实际情况即可，但由于无法测量全部的动作尺寸，所以最好能够事先了解人体的基本尺寸。以成年男性的人体尺寸为基准，根据性别、辈分、年龄等进行调整。

身高与易于操作的高度之间的关系

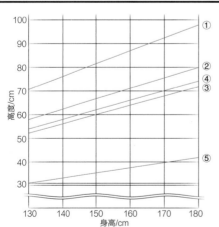

人们使用的架子和厨房台面等设备、物品的高度尺寸与使用者的身高关系密切，所以只要知道身高，就可以根据上述图例设计必要的高度尺寸（例如伸手可及的高度：身高×1.33）。

厨房台面高度：身高×0.55

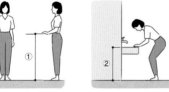

洗手台高度：身高×0.45

便于使用的架子高度（下限）：身高×0.40

办公桌高度：身高×0.41 椅子高度：身高×0.23

❶统计学表明，任意一组特定对象的人体尺寸，其分布规律符合正态分布规律，即大部分属于中间值，只有一小部分属于过大和过小的值。顺便提一下，成年男性的身高95百分位值为1820mm，5百分位值为1612mm，成年女性的身高95百分位值为1652mm。5百分位值为1527mm。

❷背靠墙壁，上肢向前伸展站立时，从墙面到中指尖端的距离。

静态身高和动态身高不同，移动时减少20mm，平躺时增加20mm

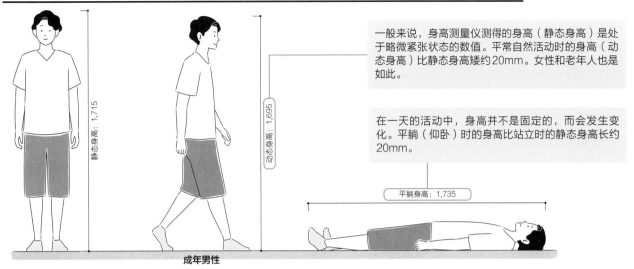

一般来说，身高测量仪测得的身高（静态身高）是处于略微紧张状态的数值。平常自然活动时的身高（动态身高）比静态身高矮约20mm。女性和老年人也是如此。

在一天的活动中，身高并不是固定的，而会发生变化。平躺（仰卧）时的身高比站立时的静态身高长约20mm。

较合适的台阶高度，成人为150mm，老年人为20mm

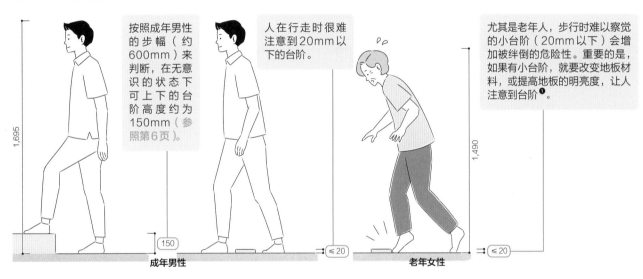

按照成年男性的步幅（约600mm）来判断，在无意识的状态下可上下的台阶高度约为150mm（参照第6页）。

人在行走时很难注意到20mm以下的台阶。

尤其是老年人，步行时难以察觉的小台阶（20mm以下）会增加被绊倒的危险性。重要的是，如果有小台阶，就要改变地板材料，或提高地板的明亮度，让人注意到台阶❶。

静止状态下头顶所需的间距尺寸

一般来说，榻榻米式起居室的天花板高度为2350~2400mm。摆放沙发和座椅的西式房间的天花板高度最好大于2400mm。

如果不考虑姿势，天花板的高度必须超过手臂向上伸展时的高度（约为静态身高的30%）❷。

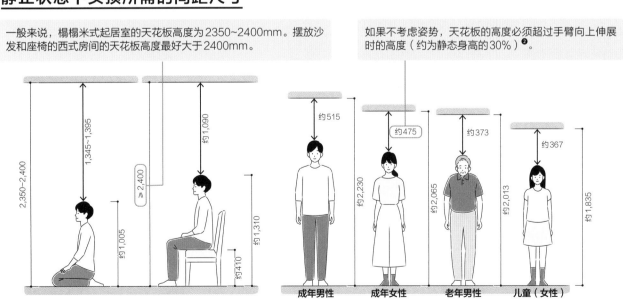

❶ 不仅限于老年人，对于习惯"走路时脚不离地"的人来说，即使很小的台阶也有被绊倒的危险，应尽量保持室内地面平坦。
❷ 考虑到老年人柔韧性以及儿童上肢较长的关系，老年人和儿童所需的头顶间距以静态身高的25%为标准。

移动中的人体尺寸

建筑物的高度并不完全由静态身高、动态身高以及居住者的身高决定。实际的空间往往比人体尺寸多出许多。在确定天花板的高度和落地窗、门洞等的高度时，可以参考头顶和身体周围所需的"间距尺寸"的大小，以及穿过较低的房梁下方时所需的尺寸。

门洞和落地窗所需的头顶间距为250~300mm

在平坦的地方以自然的姿态行走时，动态身高比静态身高减少约20mm❶。在静态身高的基础上增加250~300mm，则步行时无须注意头顶的高度（间距尺寸）。❷

通道宽度内径需大于850mm

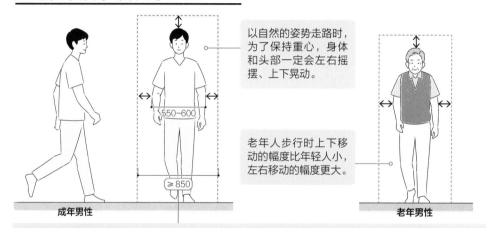

以自然的姿势走路时，为了保持重心，身体和头部一定会左右摇摆、上下晃动。

老年人步行时上下移动的幅度比年轻人小，左右移动的幅度更大。

身体左右摇摆所需的间距为200~250mm。如果成年男性穿衣时的最大体宽为550~600mm，那么间距必须超过850mm（600mm+250mm）。女性、老年人和儿童所需的间距较小。

斜向移动的宽度需大于600mm ## 横向移动的宽度需大于400mm

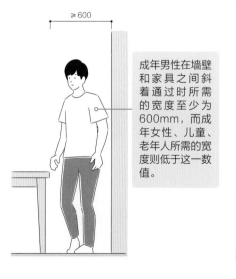

成年男性在墙壁和家具之间斜着通过时所需的宽度至少为600mm，而成年女性、儿童、老年人所需的宽度则低于这一数值。

成年男性从狭窄的地方或从其他人员后方侧身通过时所需的宽度至少为400mm。与人擦肩而过的时候需要更大的宽度。

踮着脚尖通过狭窄的空隙时，人的身高会增加约100mm。

❶在玄关等场所需要考虑鞋子的高度。
❷以自然的姿态步行时，若想要天花板高度适用于95百分位的成年男性（1820mm），则当天花板的高度大于2100mm（≈1820mm+250~300mm）时，无须在意头顶的高度。

穿过房梁下方等所需的间距尺寸

在平坦的地方穿过房梁下方，成年男性头顶所需的最小间距约为75mm，成年女性约为85mm。

弯腰通过低于静态身高的开口处，头顶所需的间距为50~150mm❶。

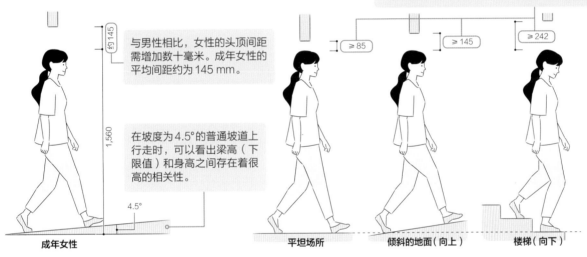

约75

1,685

成年男性

约85

1,560

成年女性

50~150

1,600

步行通过平坦场所的开口处，头部在通过位置的前方约1000mm处向前倾斜。

穿过斜坡、楼梯等所需的头顶间距

对比平坦场所、倾斜的地面、楼梯等，地面的倾斜度和相应的运动幅度越大，头顶所需的间距也就越大。

约145

1,560

4.5°

成年女性

与男性相比，女性的头顶间距需增加数十毫米。成年女性的平均间距约为145 mm。

在坡度为4.5°的普通坡道上行走时，可以看出梁高（下限值）和身高之间存在着很高的相关性。

≥85

≥145

≥242

平坦场所

倾斜的地面（向上）

楼梯（向下）

门镜的高度为身高–115mm

人的眼睛高度（从地面到瞳孔中心的垂直距离）会影响察看门镜时的动作。眼睛的高度大约为身高（头部顶点高度）减去115mm。

由于孩子会成长，该数值可用身高减去100~110mm。这些尺寸能够让人在察看门镜时不必过度弯腰。

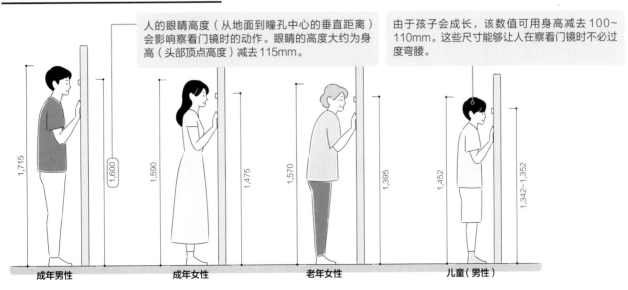

1,715

1,600

成年男性

1,590

1,475

成年女性

1,570

1,395

老年女性

1,452

1,342~1,352

儿童（男性）

❶ 对弯腰通过JR（日本铁路公司）上野站内低矮的房梁的行人们进行了调查，结果显示，头顶通过房梁下的间距大致分为两组，一组约为50mm，另一组约为150mm。据推测，原因是有的行人在意头顶，会主动低头扩大距离，而有的行人不在意头顶。

上下台阶时的人体尺寸

在移动过程中，需要注意的是跨过障碍物和上下楼梯时容易发生事故，尤其是在地面湿滑的浴室。合适的浴缸尺寸因人而异，所以需要设定一个让所有人都可以接受的尺寸。虽然楼梯的踢面和踏面的尺寸很重要，但也要注意上下楼时头顶的间距尺寸。

可跨过的障碍物

跨过障碍物时的身体负担与做出该动作的人的运动能力和步幅有关。一般来说，成年男性的自然步幅为550~600mm，50~100mm高度的台阶会感到明显障碍，20mm及以下高度的台阶不会感到明显障碍，但即使面对150mm的障碍物也能轻松跨过。

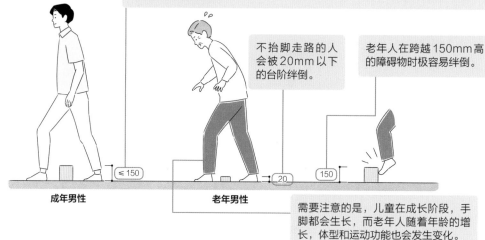

不抬脚走路的人会被20mm以下的台阶绊倒。

老年人在跨越150mm高的障碍物时极容易绊倒。

≤ 150　成年男性

20　老年男性

150

需要注意的是，儿童在成长阶段，手脚都会生长，而老年人随着年龄的增长，体型和运动功能也会发生变化。

跨越浴缸的尺寸

浴室的地面到固定式浴缸边缘（挡板）上端的一般高度为550~600mm。

浴室的地面到嵌入式浴缸边缘上端的一般高度为400~450mm。

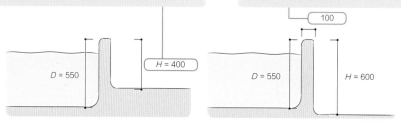

550~600　固定式

400~450　嵌入式

如果将浴室地面到挡板上端的高度设为H，挡板上端到浴缸底部的高度设为D，则对于成年人而言，"$D+H$"的值为800~1000mm，"$D-H$"的值约为150mm，更容易跨越。

跨过浴缸时还会受到挡板宽度的影响。跨越高度（H）约为400mm，所以挡板宽度太大会造成负担。但是，跨越浴缸时可以坐在挡板上，所以挡板宽度需大于100mm。

$D = 550$　$H = 400$

100　$D = 550$　$H = 600$

考虑到老年人会使用浴缸扶手，所以应以浴室地面和浴缸底面为基准设置高度。

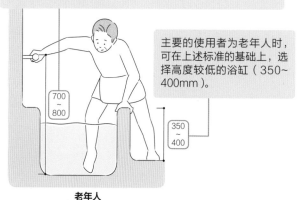

主要的使用者为老年人时，可在上述标准的基础上，选择高度较低的浴缸（350~400mm）。

700~800　350~400

过于重视跨越的方便程度会导致浴缸的高度过低，存在幼儿爬上浴缸，落入水中的危险。必要时可以盖上盖子。

350~400

老年人　　幼儿

❶ 这些归根结底是基于实验结果的数值。考虑到在室内"走路不抬脚"等情况，不设置台阶会更加安全。

楼梯的合适尺寸

方便上下的楼梯台阶尺寸由人的步幅和踏面尺寸的关系决定，可以利用公式"2R（踢面）+T（踏面）=600mm（步幅）"计算每一部分的尺寸。

假设成年男性的步幅约为600mm，踏面的尺寸为240mm，那么180mm的踢面尺寸更为合适。

150mm的台阶踢面会让老年人感到负担。当台阶踢面的尺寸超过200mm时，老年人无论上下都不方便。

对于学龄期的孩子，要根据孩子的步幅（约500mm）降低台阶踢面高度。

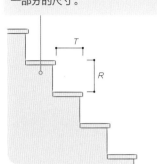

成年男性   老年女性   儿童（女性）

参考日本建筑标准法中的楼梯尺寸（最低标准）

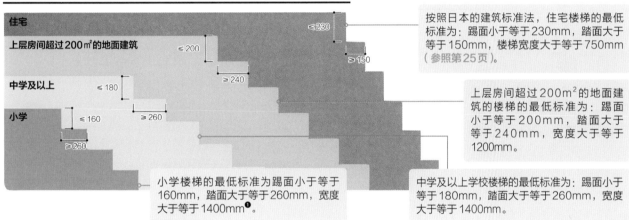

住宅

上层房间超过200㎡的地面建筑

中学及以上

小学

按照日本的建筑标准法，住宅楼梯的最低标准为：踢面小于等于230mm，踏面大于等于150mm，楼梯宽度大于等于750mm（参照第25页）。

上层房间超过200m²的地面建筑的楼梯的最低标准为：踢面小于等于200mm，踏面大于等于240mm，宽度大于等于1200mm。

中学及以上学校楼梯的最低标准为：踢面小于等于180mm，踏面大于等于260mm，宽度大于等于1400mm。

小学楼梯的最低标准为踢面小于等于160mm，踏面大于等于260mm，宽度大于等于1400mm❶。

上下楼梯时适当的空间尺寸

若上下楼梯穿过房梁下方，上下楼时头顶上方所需的间距尺寸大于上楼时所需的尺寸。

当坡度为35°时，下楼时头顶的间距约为身高×0.94，上楼时约为身高×0.88。当坡度为45°时，下楼时约为身高×0.91，上楼时约为身高×0.74。

从坡度陡峭的楼梯向下移动时，由于重心靠后，头顶需要更大的空间。相反，向上移动时需要的空间更小。

成年男性上楼时的头顶间距的下限约为145mm，下楼时约为216mm。

成年女性上楼时的头顶间距的下限约为167mm，下楼时约为242mm。比成年男性需要更多空间。

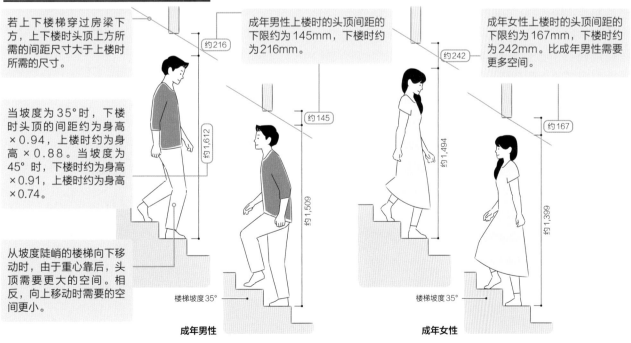

成年男性   成年女性

---

❶根据2014年日本国土交通省告示第709号的规定，在楼梯两侧设置扶手和防滑板的前提下，可以使用中学台阶的标准，踢面小于等于180mm，踏面大于等于260mm，宽度大于等于1400mm。

伸展手臂时的高度是身高×1.33

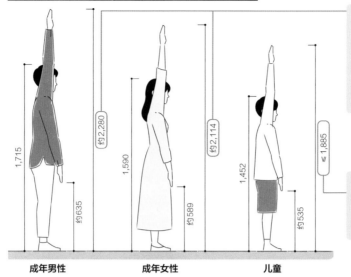

成年男性
成年女性
儿童

1,715
约635
约2,280

1,590
约589
约2,114

1,452
约535
≤1,885

成年人手臂向上伸展时的高度可按"静态身高×1.33"计算。图示中为平均身高的尺寸，若以个子较高的成年男性（95百分位）的身高（1820mm）来计算，手臂向上伸展时的高度约为2420mm。

儿童的手臂长度较短，老年人随着年龄的增长，运动机能衰退，身体难以伸展，可以适当地减小数值。

设想伸展手臂时的家具易用性

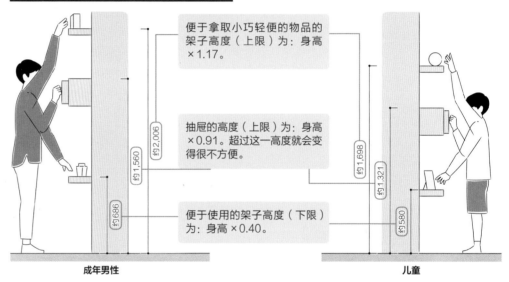

成年男性
儿童

约2,006
约1,560
约686

约1,698
约1,321
约580

便于拿取小巧轻便的物品的架子高度（上限）为：身高×1.17。

抽屉的高度（上限）为：身高×0.91。超过这一高度就会变得很不方便。

便于使用的架子高度（下限）为：身高×0.40。

晾晒衣物的晾衣杆高度上限为静态身高×1.15。如果以成年女性的身高作为标准，则会增加老年人使用的难度，所以可以适当地降低高度。

衣柜里挂西服的高度要低于晾晒衣服的高度，将这一高度设定为身高×1.03会更加便于使用。

晾衣间
衣柜

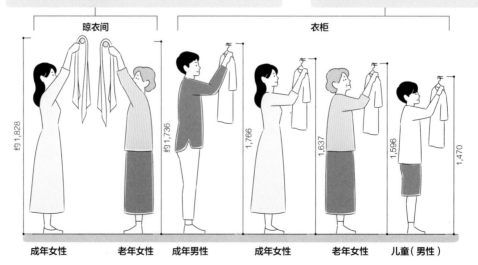

成年女性
老年女性
成年男性
成年女性
老年女性
儿童（男性）

约1,828
约1,736
1,766
1,637
1,596
1,470

我们经常会在固定的场所做家务，最具代表性的家务就是清扫、洗衣和烹饪。因此，在这个场所设定合适的高度，不仅能让家务劳动变得更加轻松，而且能有效利用空间进行收纳。尺寸设计不能只考虑成年人，也要考虑老人和孩子，一定要方便全家人使用。

适合的厨房料理台高度是身高×0.55

面对厨房料理台时，便于站立工作的高度为静态身高×0.55。这一高度几乎等于人体的重心高度。穿鞋站在室内时，可以考虑加上鞋的高度。

厨房料理台高度尺寸应该由经常使用的人的身高决定。如果有多名家庭成员使用，则应适当降低高度。

如果是选购成品料理台，标准化的产品高度为800mm和850mm，900mm也属于标准高度，应该选择与居住者身高计算值相近的产品。

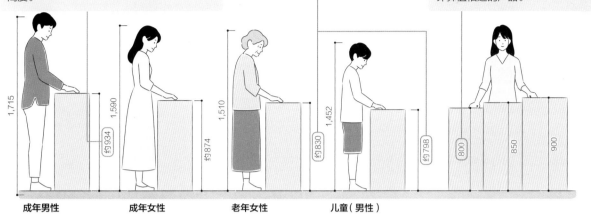

成年男性　　成年女性　　老年女性　　儿童（男性）

各种工作台与合适的高度

站立使用的工作台基本上以人的重心高度为基准。但需要注意的是，在用力的时候，台面需要降低一些才方便，高度尺寸会随着作业内容和使用的工具而变化。

侍者在服务时，身体会弯向桌子上方。考虑到这一动作的范围，应该将吊灯等设置在高于桌面900mm的位置。

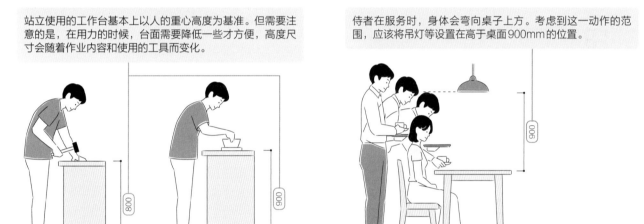

修理　　　　　　陶艺　　　　　　　　侍者

室内运动及其高度

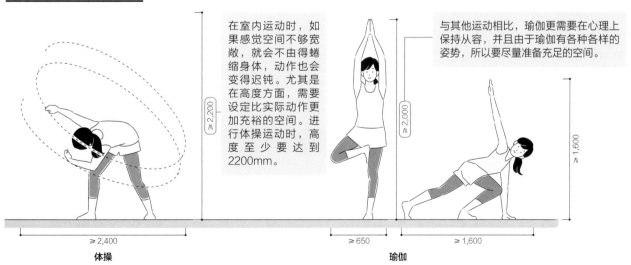

在室内运动时，如果感觉空间不够宽敞，就会不由得蜷缩身体，动作也会变得迟钝。尤其是在高度方面，需要设定比实际动作更加充裕的空间。进行体操运动时，高度至少要达到2200mm。

与其他运动相比，瑜伽更需要在心理上保持从容，并且由于瑜伽有各种各样的姿势，所以要尽量准备充足的空间。

体操　　　　　　　　　　　　　瑜伽

坐姿和休息时的高度尺寸

我们在家也有许多需要坐在椅子上完成的事务，比如吃饭、办公、学习。此时所需的高度由坐姿和事务种类决定。掌握坐、卧、靠等休息场所的尺寸，就能创造出更舒适的空间。

身体和椅子的尺寸关系

因办公等坐在工作椅上的成年男性，从座位基准点到头顶的距离约为940mm（坐高：身高×0.55），从座位基准点到地面的距离约为395mm，合计高度约为1335mm。这一数据会根据个人的体格发生变化，所以要考虑使用者的体格。

办公桌的高度为身高×0.41，需考虑椅子座面到桌面的距离关系。成年男性的合适高度约为703mm，成年女性约为651mm（不含鞋子高度）。

椅子座面到桌面的距离约为身高×0.18，会因体格不同而产生个体差异。成年男性为280~300mm，成年女性为270~290mm。

椅子座面的高度（身高×0.23）是以座位基准点（椅子上左右两边的坐骨结节的连接线和身体正中线的交点）为基础计算出来的。

约940

约1,335

230~248

▼座位基准点

395

约703

成年男性

办公椅的座面与靠背下端之间的垂直距离约为身高×0.145。成年男性约为248mm，成年女性约为230mm。

椅子座面到桌面的距离

适合的办公桌椅高度

适合成年女性的地面到办公椅座面的高度约为365mm。另外，在室内穿鞋时，还要考虑鞋的高度。

适合儿童和老人的椅子尺寸基本相同。

5岁儿童的椅子高度约为265mm。

视线高度：距离地面约1220
约940
约703
约395
成年男性

视线高度：距离地面约1124
约874
约651
约365
成年女性

视线高度：距离地面约1062
约830
约619
约347
老年女性

视线高度：距离地面约961
约734
约587
约337
儿童

约265
5岁儿童

各种坐在地面上的姿势

坐在地面上，可以考虑正座、盘腿坐、抱膝坐、伸腿坐等姿势，其中抱膝坐时的高度最低，但也要考虑个人的身体差距。

正座时的视线高度比地面到头顶的高度低约115mm。

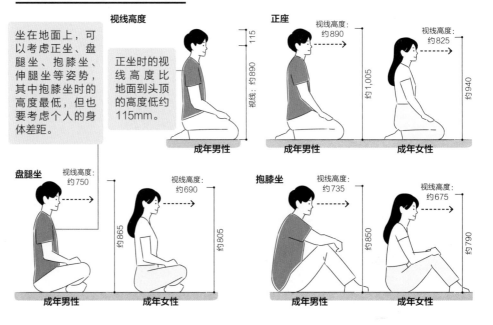

视线高度
视线：约890
115
成年男性

正座
视线高度：约890
约1,005
成年男性

视线高度：约825
约940
成年女性

盘腿坐
视线高度：约750
约865
成年男性

视线高度：约690
约805
成年女性

抱膝坐
视线高度：约735
约850
成年男性

视线高度：约675
约790
成年女性

放松时的坐姿

休闲椅的座位基准点高度（不含鞋）约为身高×0.165。成年男性约为282mm，成年女性约为262mm。座位基准点到靠背上端的垂直高度约为400mm。

随着座椅靠背的后倾，头部需要枕状构件支撑。当座椅靠背与座面的夹角大于115°时，头部支撑点与座位基准点之间的最佳垂直高度距离为530~580mm。另外，在座椅下方设置脚凳或脚架能够增加舒适度。

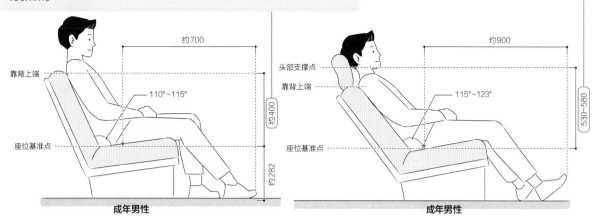

舒适的倚靠高度

成年男性倚靠在长300mm、高450mm的台状物体上。

双肘后靠高度：身高×0.63。

腰部后靠高度：身高×0.59。

双臂向前倚靠的高度：身高×0.70。

双肩向后倚靠的高度：身高×0.81。

倚靠在台状物体上时

成年男性倚靠在直径100mm的圆柱形物体上。

臀部后靠高度：身高×0.46。

腰部后靠高度：身高×0.62。

双臂向前倚靠的高度：身高×0.73。

单肘倚靠高度：身高×0.71。

倚靠在圆柱体上时

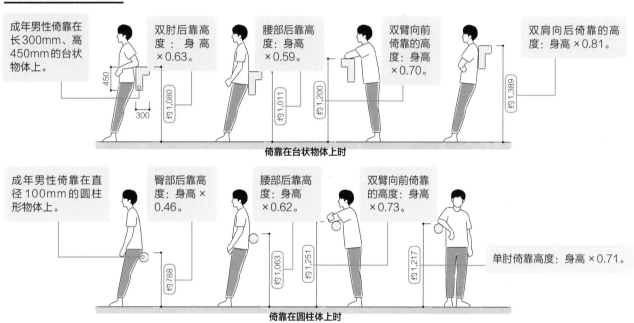

睡觉

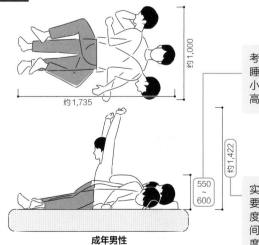

考虑到睡觉时会翻身，睡觉时的人体高度最小值需超过肩高（身高×0.25）。

实际睡觉时的高度还要加上被子和床的高度，以及起身时的空间和伸展手臂时的高度尺寸。

在床上放松的坐姿

设想在看书等时候伸直双腿，背部倚靠着墙壁等物体上的状态。坐在双层床上，在天花板较低的情况下，就要在设定高度中加入头顶的间距尺寸（参考第5页），还要考虑床上方的天花板高度和灯具的位置等问题。

本章解说　若井正一

PART 2

室内空间的基本尺寸

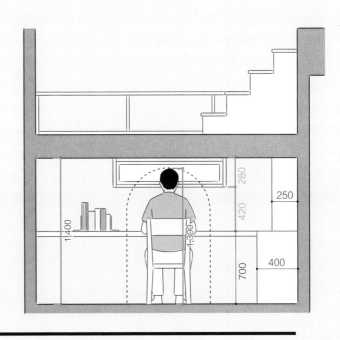

玄关的基本尺寸为1坪

玄关是日常生活中频繁使用的空间。在设定玄关高度时，需考虑步行和穿鞋、脱鞋的方便性等因素。我们能够自然通过的台阶高度约为150mm，在设计室外道路到1层地面的台阶高度时可以作为参考。以40mm×玄关宽度（叠数）+2000mm（译者注：叠是指日本房间面积的计算单位，1叠相当于1.62m²）为基准设置玄关的天花板高度，就不会感到狭窄。

穿鞋、脱鞋只需1坪❶空间

除了鞋柜外，最好在玄关设置穿衣镜和扶手。但需注意设置在不妨碍脱鞋的位置。D

【标准】一般建筑面积约30坪的住宅，玄关只需1坪即可。A B C

【小】玄关土间宽度的最小尺寸为1200~1300mm。面积为0.7~1.2坪。D

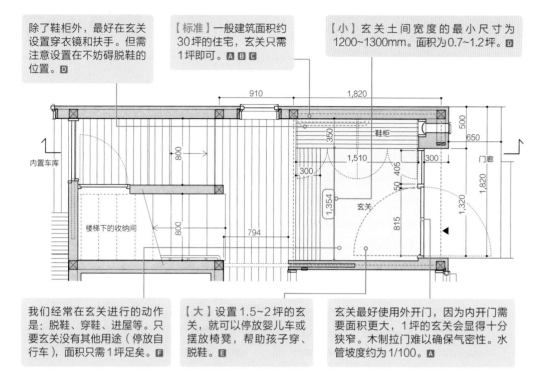

我们经常在玄关进行的动作是：脱鞋、穿鞋、进屋等。只要玄关没有其他用途（停放自行车），面积只需1坪足矣。F

【大】设置1.5~2坪的玄关，就可以停放婴儿车或摆放椅凳，帮助孩子穿、脱鞋。E

玄关最好使用外开门，因为内开门需要面积更大，1坪的玄关会显得十分狭窄。木制拉门难以确保气密性。水管坡度约为1/100。A

平面图（Riota设计）

调整室内外的高度

【标准】将天花板的高度控制在2000~2100mm，进入客厅时会感到十分开阔。D

【高】为了避免室内外高差过大，将台阶高度设置为180~190mm，门廊部分也从GL上升约2个台阶。A

在无障碍应对方面，在有人帮助的情况下，轮椅可以越过150mm高的台阶。但玄关、走廊等，如需从室外用轮椅换到室内用轮椅，面积也会有所变化。B

日本的建筑基准法规定，木结构建筑的FL与GL高差需大于450mm。

【低矮】如果门框高约50mm，那么除了在门廊设置150mm的台阶外，还可以在室内设置200mm的台阶。D

剖面图（Riota设计）

解说 A Ando工作室、B 3110ARCHITECTS一级建筑师事务所、C Molx建筑公司、D 若原工作室、E 设计生活设计室、F 广部刚司建筑研究所

❶1坪为1820mm×1820mm，约合3.3m²，下同。

大门入口处的台阶高度约150mm

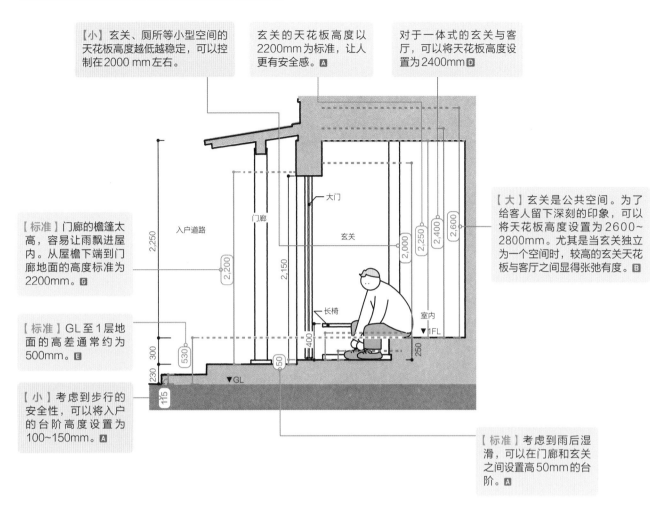

【小】玄关、厕所等小型空间的天花板高度越低越稳定，可以控制在2000 mm左右。

玄关的天花板高度以2200mm为标准，让人更有安全感。Ⓐ

对于一体式的玄关与客厅，可以将天花板高度设置为2400mm Ⓓ

【标准】门廊的檐篷太高，容易让雨飘进屋内。从屋檐下端到门廊地面的高度标准为2200mm。Ⓖ

【标准】GL至1层地面的高差通常约为500mm。Ⓔ

【小】考虑到步行的安全性，可以将入户的台阶高度设置为100~150mm。Ⓐ

【大】玄关是公共空间。为了给客人留下深刻的印象，可以将天花板高度设置为2600~2800mm。尤其是当玄关独立为一个空间时，较高的玄关天花板与客厅之间显得张弛有度。Ⓑ

【标准】考虑到雨后湿滑，可以在门廊和玄关之间设置高50mm的台阶。Ⓐ

打造无障碍玄关

▷ 设置430mm高的长椅

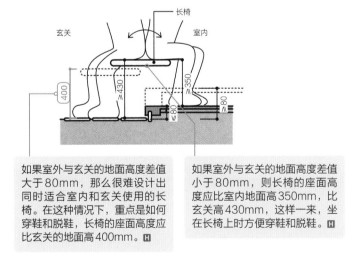

如果室外与玄关的地面高度差值大于80mm，那么很难设计出同时适合室内和玄关使用的长椅。在这种情况下，重点是如何穿鞋和脱鞋，长椅的座面高度应比玄关的地面高400mm。Ⓗ

如果室外与玄关的地面高度差值小于80mm，则长椅的座面高度应比室内地面高350mm，比玄关高430mm，这样一来，坐在长椅上时方便穿鞋和脱鞋。Ⓗ

▷ 竖向扶手

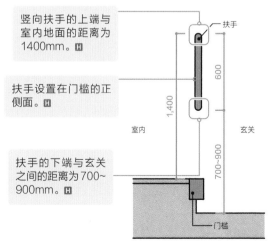

竖向扶手的上端与室内地面的距离为1400mm。Ⓗ

扶手设置在门槛的正侧面。Ⓗ

扶手的下端与玄关之间的距离为700~900mm。Ⓗ

解说　Ⓐ日影良孝建筑工作室、Ⓑ松本直子建筑设计事务所、Ⓒ Ms 建筑设计事务所、Ⓓ Arts-Crafts 建筑研究所、Ⓔ小野建筑设计事务所、Ⓕ井上久实设计室、Ⓖ NL 设计室、Ⓗ布田健

鞋的形状改变收纳容量

玄关必须配有鞋柜或者步入式衣帽间，步入式衣帽间中可以收纳大衣等其他物品。

主要的鞋类型

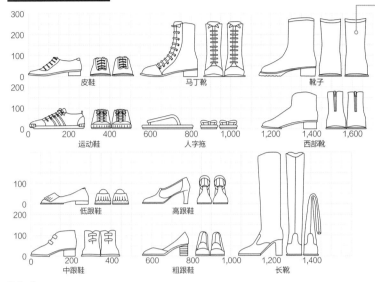

居住者的生活方式和喜好会对鞋的尺寸、数量、形状、收纳方式带来很大的影响，所以设计时要充分听取居住者的意见。

大衣和夹克

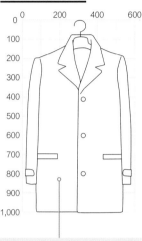

鞋盒

鞋盒的标准尺寸 单位：mm

深	宽	高
260	150	90
290	170	100
300	250	100

我们有时会将鞋收进鞋盒中并放进鞋柜，所以最好事先掌握鞋盒的大概尺寸。另外，有时也会将鞋叠放在一起。

除了鞋以外，步入式衣帽间里还可以收纳外套等物品。但是，如果按照鞋的尺寸，将架子的深度设置为300mm，那么外套和夹克就很难挂进去，所以在设计时要留出充足的收纳空间。

实用的玄关收纳

玄关也是家中必不可少的收纳空间。想要更多衣橱，那么最合适的就是采用步入式衣帽间或穿行式衣帽间。衣帽间的面积由收纳的物品数量和穿、脱时的动作决定。

穿行式衣帽间

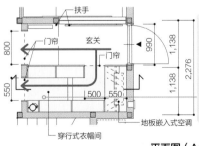

平面图（Asunaro建筑工房）

最小尺寸为鞋盒深300mm+通道宽450mm+鞋盒深300mm。摆放冬季大衣等物品时，应确保单侧的最小宽度为600mm。

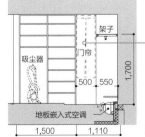

展开图（Asunaro建筑工房）

设置穿行式鞋柜时，鞋柜内部存在朝向室内的开口，虽然减少了收纳量，但产生了回游性，提高了便利性。

步入式衣帽间

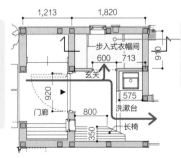

确保步入式衣帽间拥有0.6~1.5坪的空间。如果想要收纳外套等其他物品，则需要更大的空间。B

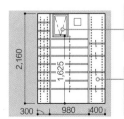

在步入式衣帽间内部设置窗户，可以确保采光和透气性，也便于清扫。

设置步入式衣帽间时，应确保架子深度大于300mm，通道宽度至少达到910mm。C

解说 AAsunaro建筑工房、BMolx建筑公司、C若原工作室

要点 03

让玄关具有更多功能

玄关不仅仅是进出的场所，如利用玄关打造工作空间，设置停放自行车等的收纳空间，将柴火炉摆放在与屋外柴火架相连的动线上，就能充分发挥作用。

在玄关里摆放柴火炉

平面图（木木设计室）

将柴火炉放置在延长了的玄关土间里，重点是要靠近屋外的柴火架（建议深度大于450mm，高度大于1500mm）。**A**

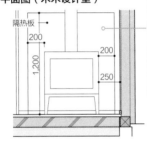

柴火炉周边展开图（木木设计室）

柴火炉与可燃物和不可燃物之间应保持的分隔距离由柴火炉的种类决定。另外，如果将隔热板设置在距可燃墙25mm远的位置，则设置距离时可以将可燃墙当作不可燃物。**A**

在玄关里停放自行车

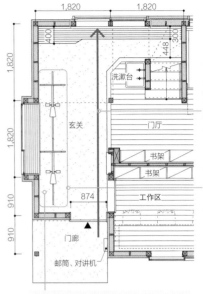

平面图（NL设计室）

将玄关设置在光线充足、景色漂亮的开阔场所，就能让视野更加开阔，玄关和门厅也会变成开放式空间。**C**

不同类型的自行车尺寸不同，不同类型的支架，所需的空间也有所变化（参考第110页）。

确保玄关宽度达到1820mm，面积达到10m²，就可以停放自行车或当成工作间使用。

要点 04

宽阔的门廊可收纳雨伞

门廊的面积由在门廊中进行的活动决定，如暂时放置快递包裹等。门廊至少应当能够收纳雨伞，有些地区还要考虑铲雪的作业空间。

将入户门的位置设置在距外墙面300mm左右，这样既能防止雨水吹入，又能减少门的损坏。**D**

即使玄关很小，原则上也要在玄关前摆出能叠伞的雨棚和屋檐。至少深度在900mm以上，最好能达到1000mm左右。**D**

【高】在积雪地区，玄关前面，可以兼做扫雪等室外作业空间。面积为0.5~2坪，天花板高度约为2200mm。**H**

考虑到无障碍需求，门廊不设大的台阶，采用斜坡等平缓的处理比较好。**B**

展开图（Riota设计）

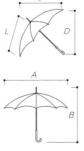

平面图（Riota设计）

由于大门大多是向外开的，为防止全开时门被淋湿，雨棚的长度应+180mm左右。**E**

为了保证开门后一步跨入屋内且不被淋湿，玄关前的屋檐至少要达到600~900mm为宜。**F**

【宽敞】在门廊上设置长凳，下面还可以作为放置快递物品箱等的空间。这种情况下，门廊的深度为1200mm左右，以防门被淋湿。**G**

展开后的伞的基本尺寸
单位：mm

伞骨长度（L）	A	B	C	D
600	1,080	870	720	760
580	1,045	840	700	730
550	990	810	660	700
530	955	780	640	670
500	900	750	620	650
470	845	700	570	600

解说 **A** 木木设计室、**B** 山崎壮一建筑设计事务所、**C** NL设计室、**D** Riota设计、**E** 设计生活设计室、**F** Akimichi Design、**G** Asunaro建筑工房、**H** Molx建筑公司

不想放进室内的物品应收纳在玄关

除了鞋和伞外，玄关的收纳空间里还能摆放婴儿车、露营用品、高尔夫球袋、自行车等个人喜好的物品。此外，还要考虑快递盒等物品的摆放。

婴儿车、购物车

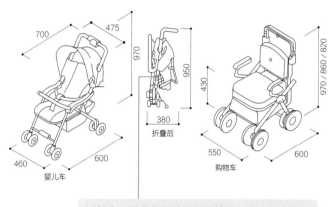

婴儿车

折叠后

购物车

折叠后

近年来，婴儿车的体积越来越大。孩子长大后不再需要婴儿车的时候，可以在原本摆放婴儿车的位置收纳大衣等物品。

书包和手提箱

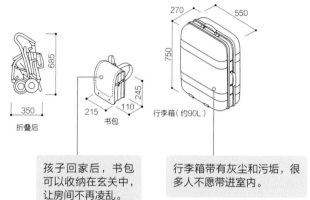

书包

行李箱（约90L）

孩子回家后，书包可以收纳在玄关中，让房间不再凌乱。

行李箱带有灰尘和污垢，很多人不愿带进室内。

露营用品

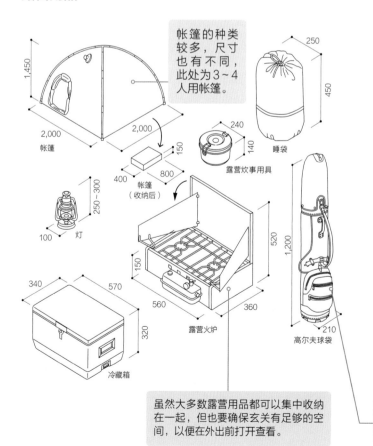

帐篷的种类较多，尺寸也有不同，此处为3～4人用帐篷。

帐篷

帐篷（收纳后）

睡袋

露营炊事用具

灯

冷藏箱

露营火炉

高尔夫球袋

虽然大多数露营用品都可以集中收纳在一起，但也要确保玄关有足够的空间，以便在外出前打开查看。

其他个人兴趣用物品

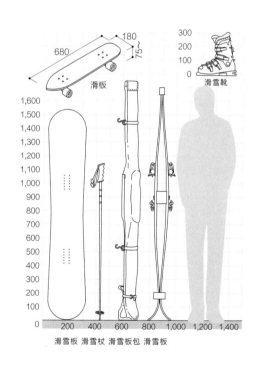

滑板

滑雪靴

滑雪板 滑雪杖 滑雪板包 滑雪板

除了插图中的物品外，常见的还有钓鱼工具、棒球工具、登山工具等。

将玄关布置成高 5000mm 的挑空空间

加高玄关的天花板（天花板高度约5300mm），降低与之相连的房间的天花板高度，就能使空间变得张弛有度，增加玄关的开放感。在玄关以外设置土间，就能将室内外连接在一起，使玄关成为舒适的中间地带。

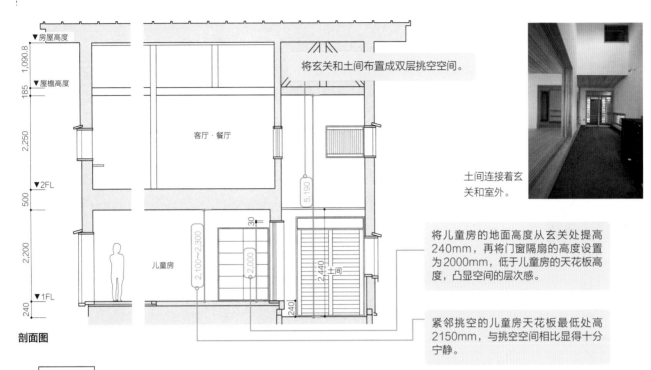

将玄关和土间布置成双层挑空空间。

土间连接着玄关和室外。

将儿童房的地面高度从玄关处提高240mm，再将门窗隔扇的高度设置为2000mm，低于儿童房的天花板高度，凸显空间的层次感。

紧邻挑空的儿童房天花板最低处高2150mm，与挑空空间相比显得十分宁静。

剖面图

利用 2100mm 高的玄关增加空间感

如果想要尽量降低玄关和入口处的天花板高度，那么最好将室内设计成明亮宽敞的空间，狭窄的玄关和入口反而会让人期待室内的景象。当天花板较低的玄关与楼梯间相邻时，要想办法使楼梯间变得明亮，比如在楼梯间设置大的开口、使用金属楼梯板等。

因为玄关前方的楼梯间非常明亮，所以即使玄关昏暗一些也无所谓。

合适的鞋柜高度为1100mm，这一高度也方便摆放装饰品和小物品。将鞋柜下部掏空200mm，就能让狭窄的玄关显得更加宽敞。

为了让玄关显得明亮宽敞，可以将门口的天花板降低100mm。

2100mm高的玄关与挑空在空间上形成对比。

为了让玄关和门厅融为一体，地面饰面统一采用石材，台阶的高低差也缩小到100mm。

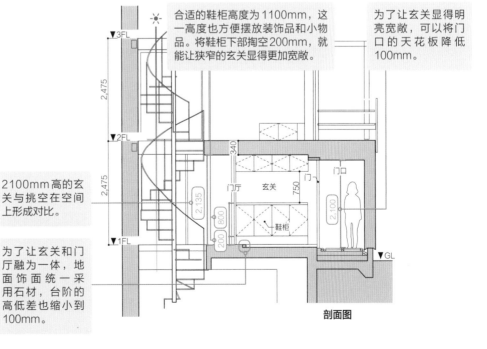

剖面图

上"循环之家" 设计：日影良孝建筑工作室 照片：日影良孝
下"110" 设计 Arts-Crafts建筑研究所，照片：杉浦传宗

统一玄关和门廊的高度，将室内外连接在一起

如果门廊和玄关的天花板高度一致，就能让室内外产生一体感。但这样一来，室内空间就会显得不紧凑。为了避免这种情况，可以将高于玄关地面的室内空间的天花板抬高一层。

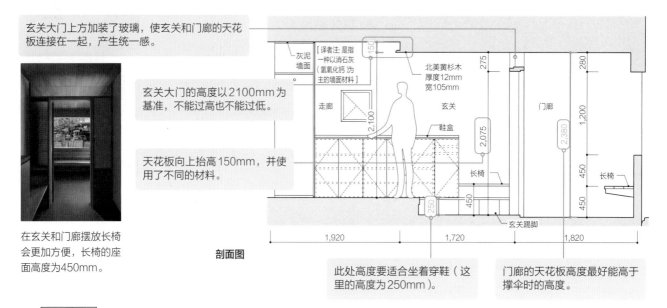

玄关大门上方加装了玻璃，使玄关和门廊的天花板连接在一起，产生统一感。

玄关大门的高度以 2100mm 为基准，不能过高也不能过低。

天花板向上抬高 150mm，并使用了不同的材料。

在玄关和门廊摆放长椅会更加方便，长椅的座面高度为 450mm。

[译者注：是指一种以消石灰（氢氧化钙）为主的墙面材料] 灰泥墙面

走廊

玄关

门廊

北美黄杉木 厚度12mm 宽105mm

鞋盒

长椅

长椅

玄关踢脚

2,100

2,075

2,380

150

275

280

1,200

450

450

450

250

450

1,920   1,720   1,820

剖面图

此处高度要适合坐着穿鞋（这里的高度为 250mm）。

门廊的天花板高度最好能高于撑伞时的高度。

用斜坡消除室内外高度差

在门口设置斜坡，不仅方便轮椅进出，也便于使用拉杆箱和手推车。设置斜坡时，最好以 1/10 的坡度沿建筑物外围设置。即使斜坡的面积难以确定，坡度达到 1/7，也不妨碍使用。

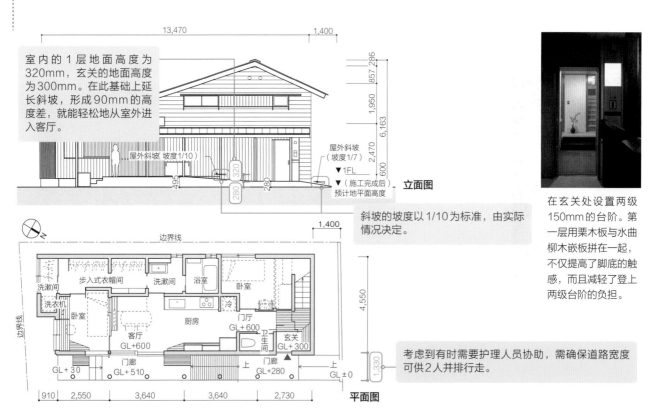

室内的 1 层地面高度为 320mm，玄关的地面高度为 300mm。在此基础上延长长斜坡，形成 90mm 的高度差，就能轻松地从室外进入客厅。

13,470   1,400

286

857

1,950

6,163

2,470

600

495   320   280   280

屋外斜坡（坡度 1/10）

屋外斜坡（坡度 1/7）

▼1FL

▼（施工完成后）预计地平面高度

立面图

斜坡的坡度以 1/10 为标准，由实际情况决定。

在玄关处设置两级 150mm 的台阶。第一层用栗木板与水曲柳木嵌板拼在一起，不仅提高了脚底的触感，而且减轻了登上两级台阶的负担。

边界线

1,400

洗漱间

步入式衣帽间

洗漱间

浴室

卧室

洗衣机

卧室

客厅 GL+600

厨房

冷

门厅 GL+600

卫生间

玄关 GL+300

边界线

门廊 GL+30   门廊 GL+510   上   门廊 GL+280   上 GL±0

4,550

1,330

910   2,550   3,640   3,640   2,730

平面图

考虑到有时需要护理人员协助，需确保道路宽度可供 2 人并排行走。

上"若林之家" 设计：村田淳建筑研究室 照片：村田淳建筑研究室
下"丰中和居庵" 设计：Ms建筑设计事务所，照片：畑拓

走廊两侧柱子中心之间的最小宽度为910mm

走廊除了用于行走外，没有太大的用途，所以应该尽量减少走廊的面积。但是，在走廊上通过的不仅仅是人，还有冰箱、钢琴等大件物品，施工时的材料等也要经过走廊，因此必须保证走廊的宽度。这些都是设计时值得考虑的问题。

两侧柱子中心之间的宽度

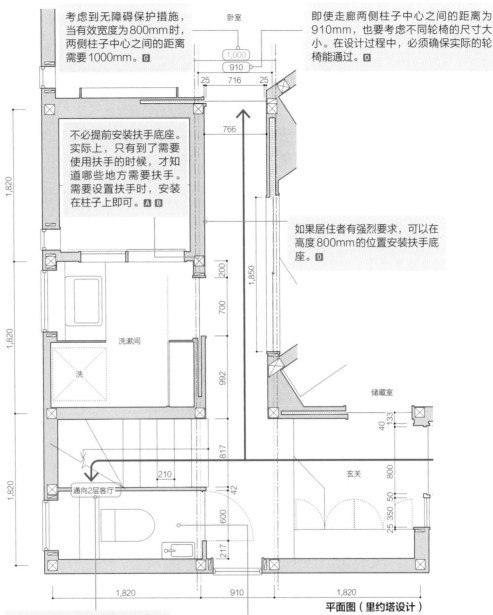

考虑到无障碍保护措施，当有效宽度为800mm时，两侧柱子中心之间的距离需要1000mm。G

即使走廊两侧柱子中心之间的距离为910mm，也要考虑不同轮椅的尺寸大小。在设计过程中，必须确保实际的轮椅能通过。D

卧室

不必提前安装扶手底座。实际上，只有到了需要使用扶手的时候，才知道哪些地方需要扶手。需要设置扶手时，安装在柱子上即可。A B

如果居住者有强烈要求，可以在高度800mm的位置安装扶手底座。D

洗漱间

储藏室

玄关

通向2层客厅

平面图（里约塔设计）

除了竣工后搬入的家具、家电外，施工时搬入厨房柜台等较长的物体时，都有可能无法通过走廊。特别是厨房柜台（较长的物体），需事先确认是否能够通过。A B

根据实际需要安装扶手。例如，只在需要扶手的人的卧室和卫生间等位置安装扶手。C

注意，如果走廊有拐角，那么冰箱、洗衣机、钢琴等物体可能无法通过。

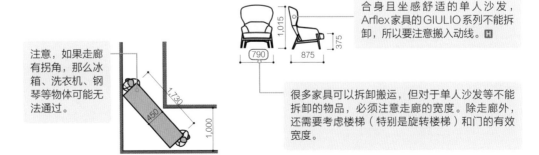

合身且坐感舒适的单人沙发，Arflex家具的GIULIO系列不能拆卸，所以要注意搬入动线。H

很多家具可以拆卸搬运，但对于单人沙发等不能拆卸的物品，必须注意走廊的宽度。除走廊外，还需要考虑楼梯（特别是旋转楼梯）和门的有效宽度。

解说 A Asunaro建筑工房、B Akimichi Design、C 3110ARCHITECTS一级建筑师事务所、D 木木设计室、E Riota设计、F Arflex、G 广部刚司建筑研究所

要点 01

走廊的宽度由通过的物体大小决定

走廊的宽度不仅要考虑到人，还要考虑到搬运的物品和动作。搬运大型物品时不仅要注意走廊的宽度，还要注意天花板、横梁、门框等的高度。有足够的高度，搬起时才不会发生碰撞。

▷ **大型物品的体积决定走廊宽度**　　　　　　　▷ **动作决定走廊宽度**

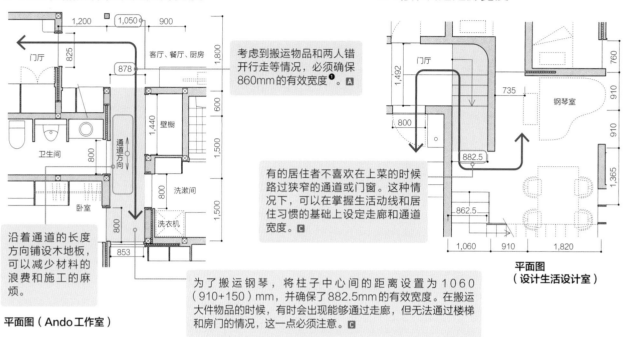

考虑到搬运物品和两人错开行走等情况，必须确保860mm的有效宽度❶。**A**

沿着通道的长度方向铺设木地板，可以减少材料的浪费和施工的麻烦。

平面图（Ando工作室）

有的居住者不喜欢在上菜的时候路过狭窄的通道或门窗。这种情况下，可以在掌握生活活线和居住习惯的基础上设定走廊和通道宽度。**C**

为了搬运钢琴，将柱子中心间的距离设置为1060（910+150）mm，并确保了882.5mm的有效宽度。在搬运大件物品的时候，有时会出现能够通过走廊，但无法通过楼梯和房门的情况，这一点必须注意。**C**

平面图
（设计生活设计室）

要点 02

不同轮椅的尺寸

轮椅的形状和尺寸有一定标准。手动轮椅分为大、中、小3种类型。另外，还有电动轮椅，座面和靠背可以调节、放倒的轮椅，以及只有靠背可以放倒的轮椅等，这些轮椅的尺寸都比手动轮椅大❷。

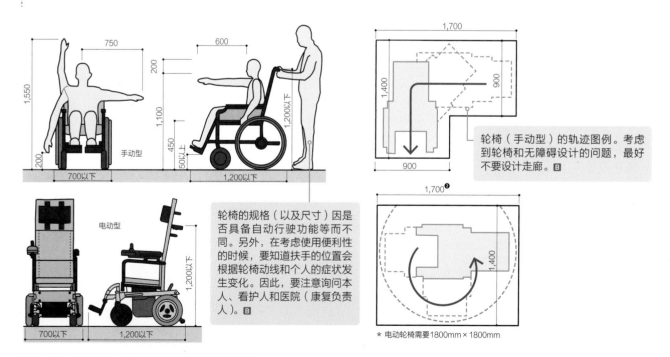

轮椅的规格（以及尺寸）因是否具备自动行驶功能等而不同。另外，在考虑使用便利性的时候，要知道扶手的位置会根据轮椅动线和个人的症状发生变化。因此，要注意询问本人、看护人和医院（康复负责人）。**B**

轮椅（手动型）的轨迹图例。考虑到轮椅和无障碍设计的问题，最好不要设计走廊。**B**

* 电动轮椅需要1800mm × 1800mm

解说　**A** Ando工作室、**B** 若原工作室、**C** 设计生活设计室

❶ 走廊宽度取决于柱子的粗细（是105mm的正方形还是120mm的正方形）和表面材料的种类。注意不能统一使用910mm的柱间距离。
❷ 有的轮椅放倒后长度达到1700mm。

走廊的高度由门窗、隔扇和各个房间的关系决定

先考虑空间是开放还是封闭，人和物品如何通过，然后考虑材料的尺寸（成本）等，以此来决定门窗的尺寸。另外，开关基本上都安装在门窗边，特别是客厅和餐厅的开关、对讲机、地暖控制面板、空调控制面板等多个控制器，所以要在兼顾外观的同时决定优先顺序，安装在方便使用的位置。

▷ 走廊的天花板高度与门窗的关系

当走廊的天花板高度很低，只有2100mm时，进入LDK后会感觉十分宽敞。另外，如果慢慢抬高厨房→餐厅→客厅的天花板，就可以在一个房间中划分出不同的区域。A B

想要划分区域的时候，或者想要统一门窗高度的时候，可以做一道垂壁。❶ C

如果想让相邻的房子具有一体感，就要让门窗的高度直达天花板。D

去掉儿童房的门，只设置高1200~1400mm的开口。来自走廊的视线被垂壁阻挡，但能听到声音，感受到气息。C

如果想要打造开放式门厅，可以加高走廊的天花板，或者设置楼梯和挑空。B D

确保客厅、玄关等接待访客的房间门窗宽度（800mm左右）。E

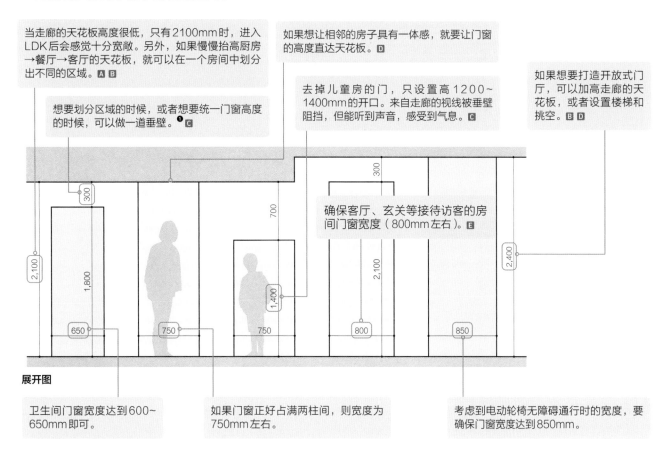

展开图

卫生间门窗宽度达到600~650mm即可。

如果门窗正好占满两柱间，则宽度为750mm左右。

考虑到电动轮椅无障碍通行时的宽度，要确保门窗宽度达到850mm。

▷ 安装在门窗周围的物品

把手的标准高度为900mm，推拉门要设置从上到下的把手，方便儿童和成人打开。E

开关的位置设在高度较低的900mm，坐在椅子上时的视线就不会被开关吸引。F

插座的位置距离地面太高会导致电线变长，距离太低则容易因配线处理不当而损坏接线。B

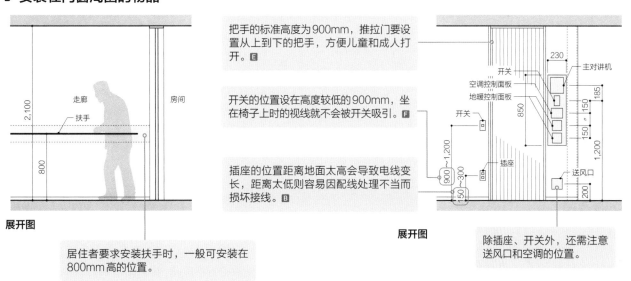

展开图

居住者要求安装扶手时，一般可安装在800mm高的位置。

除插座、开关外，还需注意送风口和空调的位置。

解说 A 3110ARCHITECTS一级建筑师事务所、B 设计生活设计室、C 前田工务店、D 山崎壮一建筑设计事务所、E Riota设计、F 木木设计室

❶ 注意，建筑结构有时会造成垂壁难以施工。

走廊要有清扫工具存放处与充电场所

可以放在走廊的物品有吸尘器、夏季家电、冬季家电等，清扫用的家电和工具集中收纳在走廊里也很方便。收纳场所一定要为吸尘器等设置充电电源。现在越来越多的家庭使用扫地机器人，首先要确保家中有专门的放置空间。冬季家电种类繁多，需要更大的储物空间。

▷ 吸尘器

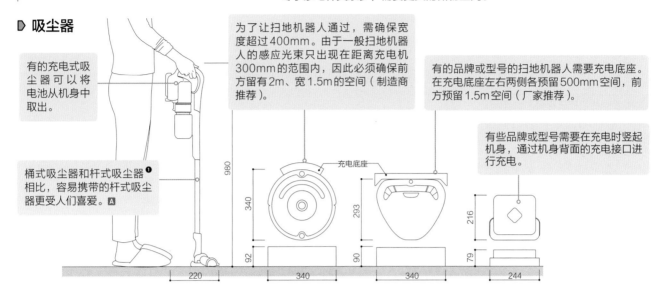

有的充电式吸尘器可以将电池从机身中取出。

桶式吸尘器和杆式吸尘器❶相比，容易携带的杆式吸尘器更受人们喜爱。**A**

为了让扫地机器人通过，需确保宽度超过400mm。由于一般扫地机器人的感应光束只出现在距离充电机300mm的范围内，因此必须确保前方留有2m、宽1.5m的空间（制造商推荐）。

有的品牌或型号的扫地机器人需要充电底座。在充电底座左右两侧各预留500mm空间，前方预留1.5m空间（厂家推荐）。

有些品牌或型号需要在充电时竖起机身，通过机身背面的充电接口进行充电。

充电底座

980　340　293　216　92　90　79
220　340　340　244

▷ 夏季家电

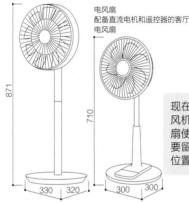

电风扇

电风扇
配备直流电机和遥控器的客厅电风扇

现在有些产品冬天可以当作暖风机使用，夏天可以当作电风扇使用，与收纳空间相比，更要留意它们的安装位置和电源位置。

空气循环风扇不分季节，能够形成空气流动，改善室内环境，消除空调带来的温差。

除湿器

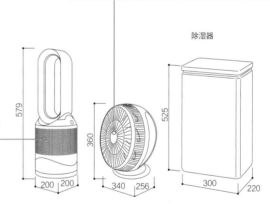

871　710　579　360　525
330　320　300　300　200　200　340　256　300　220

▷ 冬季家电

远红外加热器

风扇加热器
（也有带加湿功能的陶瓷风扇加热器）

电热汀取暖器

空气净化器
（也有加湿空气净化器）

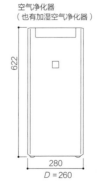

723　410　424　622
340　410　385　280
D=300　D=187　D=325　D=260

不同加湿器的加湿方式

气化式加湿器
用风吹湿润的过滤器进行加湿
○喷出口不热，耗电少
△加湿能力弱，需要更换或保养滤网等

超声波加湿器
通过振动使水形成雾状散开，进行加湿
○消耗电力少，加湿效率高
△容易引起冷凝，需要维修

蒸汽式加湿器
把水烧开，用热气进行加湿
○加湿速度快，加热的水十分卫生
△为了使水沸腾，耗电量高。喷嘴冒出热气

除上述外，还有气化式与加热式、超声波式与加热式相结合的混合式加湿器等

解说　**A** biccamera

❶桶式吸尘器（地面移动型）是拖曳吸尘器本体移动的吸尘器。杆式吸尘器是可以单手使用的小型吸尘器，多为充电式（无绳）。

降低楼梯的台阶高度，打造方便、安全的楼梯

楼梯的基础知识

层高2600mm，踏面小于200mm，合适的尺寸不仅可以降低成本，还可以防止施工失误。

【标准】由于前两级台阶在上层横梁的正下方，所以那个位置的天花板高度会变低。为了防止撞到头，可以让部分天花板拱起，确保天花板高度达到1900mm以上。**E**

【低】儿童使用的扶手高度为从台阶向上650mm，同时安装成人扶手（距踢面800~900mm）时，请注意两层扶手之间要留出足够的空间，防止手被夹住。**D**

避免设置陡峭的楼梯。另外，有的人会害怕楼梯的台阶之间没有踢板，所以应事先和居住者进行商议。**B**

在楼梯左右都有墙的情况下，只在一侧设置扶手即可。**A**

从方便性和安全性的角度考虑，可将楼梯的踏面控制在190mm左右，踢板控制在30mm左右。**A B**

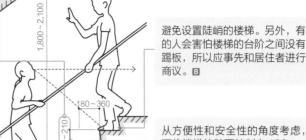

楼梯宽度：600~750（1人）　≥1200（2人）
坡度20°~55°

踏面（T）　踢面（R）

【高】对于普通的楼梯来说，安全使用的最大尺寸为踢面220mm，踏面210mm。楼梯坡度设置为"踢面/踏面≤22/21"。**E**

平台宽度（D）　扶手　楼梯宽度（L）

在住宅中，平台踏板的最小宽度为750mm，但在设计时应尽可能地超过这个宽度。

阶高800~900

扶手的规格虽然没有规定，但以拇指和食指轻握时刚好握住最为舒适。

◁ 回转楼梯的分配方法

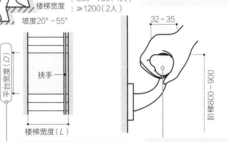

设置回转楼梯时，上行4级，转弯部分5级，折返处3级，这样就能很好地分配台阶。**E**

◁ 超出基准法规定的陡峭楼梯

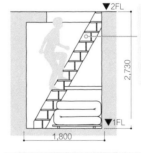

根据日本建筑基准法的规定，台阶的踢面应小于230mm，踏面应大于150mm。但是，如果上层只是储物间，这种情况也是被允许的。**D**

表中摘录了有关住宅楼梯间的部分规定。当踢面为法规最大高度，踏面为最低宽度时，坡度为55°，这样的楼梯犹如悬崖峭壁。因此，设计时应该以踢面180mm、踏面240mm、坡度为35°为标准。

楼梯设计的首要问题是安全性和美观性。因此，要认真研究法规、建筑面积、便利性等，首先要认真考虑层高与合适的踏面尺寸，然后按照居住者提出的条件进行编排整理。对于儿童、老人使用的楼梯，还需注意扶手的高度和形状。

楼梯的法规规定

住宅（含公寓）楼梯间的规定一览表

	楼梯类型	楼梯宽度平台宽度L/mm	踢面R/mm	踏面T/mm	设置平台	直楼梯的平台踏步宽度D/mm
1	住宅（公寓的共用楼梯除外）	≥750*	≤230	≥150*	高度≤每4m	≥1,200
2	正上方房间建筑面积总和>200m²的地面楼梯	≥1,200	≤200	≥240		
3	房间建筑面积总和>地上或地下建筑中100m²的楼梯					

*楼梯宽度超过3m时，可在中间设置扶手。但是，踢面小于150mm，踏面大于300mm时无须设置扶手。

*旋转楼梯的踏面尺寸为从狭窄的一侧测量300mm的位置。

注：日本建筑基准法中规定的有关住宅楼梯的法规是为了保证安全性，但仅遵循这些规定并不能提高便利性。在设计过程中，掌握楼梯相关法规和基本尺寸的同时，要考虑适合房屋的楼梯尺寸。另外，日本建筑基准法与我国建筑行业相关规定也有不同，还应遵照我国的具体规定。

解说　**A** asunaro建筑工房、**B** Ando工作室、**C** Akimichi Design、**D** 布田健、**E** iplusi设计事务所

省空间又安全的旋转楼梯和漂亮的直楼梯

要在考虑房间的布局和设计的同时确定楼梯的形状。虽然旋转楼梯和直楼梯都是常见的形式，但还是要尽量节省空间，且美观方便。

节省空间的旋转楼梯

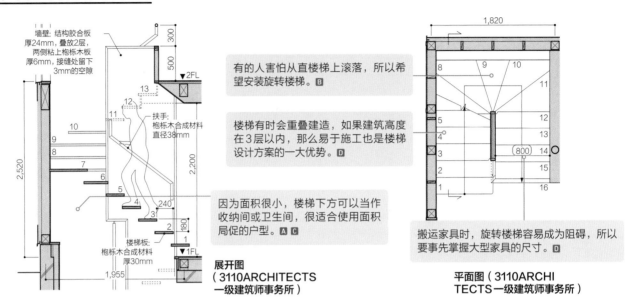

墙壁：结构胶合板厚24mm，叠放2层，两侧粘上枹栎木板厚6mm，接缝处留下3mm的空隙

扶手：枹栎木合成材料直径38mm

楼梯板：枹栎木合成材料厚30mm

展开图（3110ARCHITECTS 一级建筑师事务所）

平面图（3110ARCHITECTS 一级建筑师事务所）

有的人害怕从直楼梯上滚落，所以希望安装旋转楼梯。**B**

楼梯有时会重叠建造，如果建筑高度在3层以内，那么易于施工也是楼梯设计方案的一大优势。**D**

因为面积很小，楼梯下方可以当作收纳间或卫生间，很适合使用面积局促的户型。**A** **C**

搬运家具时，旋转楼梯容易成为阻碍，所以要事先掌握大型家具的尺寸。**D**

富有设计感的直楼梯

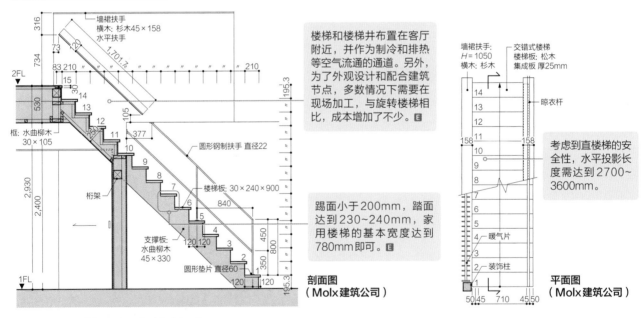

墙裙扶手横木：杉木45×158水平扶手

框：水曲柳木30×105

桁架

支撑板：水曲柳木45×330

圆形钢制扶手 直径22

楼梯板：30×240×900

圆形垫片 直径60

剖面图（Molx建筑公司）

墙裙扶手：H=1050横木：杉木

交错式楼梯楼梯板：松木集成板 厚25mm

晾衣杆

暖气片

装饰柱

平面图（Molx建筑公司）

楼梯和楼梯井布置在客厅附近，并作为制冷和排热等空气流通的通道。另外，为了外观设计和配合建筑节点，多数情况下需要在现场加工，与旋转楼梯相比，成本增加了不少。**E**

踢面小于200mm，踏面达到230~240mm，家用楼梯的基本宽度达到780mm即可。**E**

考虑到直楼梯的安全性，水平投影长度需达到2700~3600mm。

踢面、层数和层高的关系

台阶数一览表

层高/mm	踢面高度/mm	台阶数	层高/mm	踢面高度/mm	台阶数	层高/mm	踢面高度/mm	台阶数
2,800	200	14	2,600	200	13	2,400	200	12
	190	14.7		190	13.6		190	12.6
	180	15.5		180	14.4		180	13.3
2,700	200	13.5	2,500	200	12.5			
	190	14.2		190	13.1			
	180	15		180	13.8			

踢面越高，台阶数量越少。日本建筑基准法规定，房间的平均天花板高度需达到2100mm以上，并以此确定层高。

解说 **A**Asunaro建筑工房、**B**木木设计室、**C**若原工作室、**D**3110ARCHITECTS一级建筑师事务所、**E**Moruzuzu建筑公司

楼梯下方的空间可作收纳间或放洗衣机

楼梯下方多余的空间一般可以用来收纳物品。如果能根据收纳物品的大小和数量设置架子，使用时更加方便。另外，也可以当作房间的一部分，放置洗漱台或洗衣机。

作为收纳空间

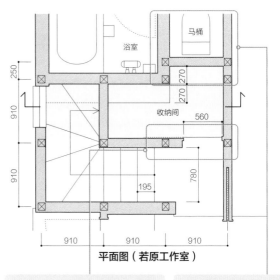

平面图（若原工作室）

> 楼梯下天花板是倾斜的，设置推拉门的时候不仅要注意门高，还要注意天花板的高度。🅐

> 根据要收纳的物品确定搁板的深度。相比紧凑型的卫浴（宽度1820mm），马桶间的长度只有1550mm，因此后侧可以用来收纳物品。🅐

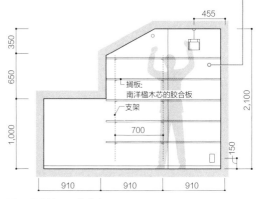

展开图（若原工作室）

用作房间的一部分

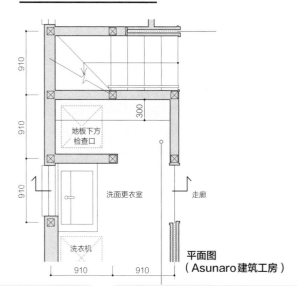

平面图
（Asunaro建筑工房）

> 如果在1820mm×1820mm的洗面更衣室里配置洗衣机和洗手台，则难以确保有收纳毛巾和睡衣的空间。因此，可以将旁边楼梯下方的空间当作收纳间。

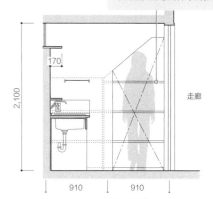

展开图（Asunaro建筑工房）

层高由何决定

降低屋檐高度，使屋顶的高度不超过邻家，视觉上可以更好地看清外观的比例。另外，住宅密集区的斜线限制决定了整体高度，那么也要相应地设置层高。但是，设备机器等要素决定了层高的最小尺寸。

如果将层高设定为2600mm，则天花板高度为2200mm，天花板到上层地板间的距离为400mm。必须预设好在地板、房梁下面安装2楼的排水管、1楼的厨房或整体卫浴等换气扇的位置。🅑

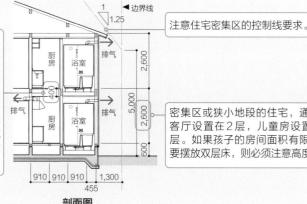

剖面图

> 注意住宅密集区的控制线要求。

> 密集区或狭小地段的住宅，通常将客厅设置在2层，儿童房设置在1层。如果孩子的房间面积有限，需要摆放双层床，则必须注意高度。🅒

解说 🅐若原工作室、🅑设计生活设计室、🅒前田工务店

帮助上下移动的设备尺寸

楼梯升降机虽然不占用空间，成本也低，但由于楼梯的有效宽度会因安装了升降机而变窄，所以要考虑实际情况。根据日本的建筑标准法，家庭电梯属于小型电梯，只能在住宅单元内安装，但可以适当放宽限制。根据升降方式，升降机可分为油压式和绳索式，油压式功率大、适合短距离移动，绳索式驱动声音小，升降速度比液压式快。

▷ 楼梯升降机

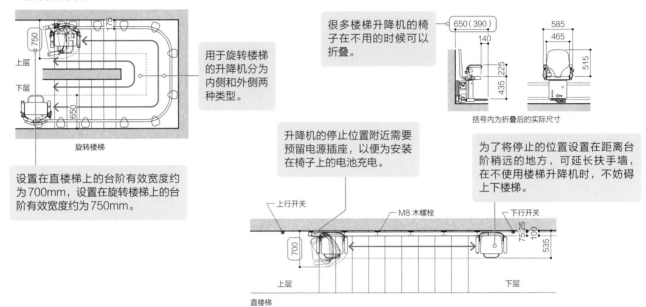

很多楼梯升降机的椅子在不用的时候可以折叠。

括号内为折叠后的实际尺寸

用于旋转楼梯的升降机分为内侧和外侧两种类型。

升降机的停止位置附近需要预留电源插座，以便为安装在椅子上的电池充电。

为了将停止的位置设置在距离台阶稍远的地方，可延长扶手墙，在不使用楼梯升降机时，不妨碍上下楼梯。

设置在直楼梯上的台阶有效宽度约为700mm，设置在旋转楼梯上的台阶有效宽度约为750mm。

旋转楼梯

- 上行开关
- M8 木螺栓
- 下行开关

上层　　　下层

直楼梯

▷ 家用电梯

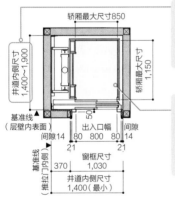

安装在木结构房屋中

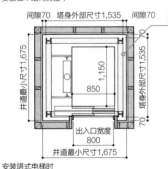

安装塔式电梯时

如果有两个不同方向的出入口，则单向出入口到井道需要一定的深度尺寸（家用电梯需要1575mm）。

轿厢地板有多种形状，但日本的建筑面积不得超过1.3m²。轮椅全长不超过1200mm，如需要护理人员，则轿厢长度需达到1500mm。

在木质结构的房屋中，有必要将井道周围的墙壁做成承重墙，或者在出入口附近设置同等级的承重墙，同时加固地板。安装自升式塔式家用电梯时，可以与建筑物的主体结构分开安装。但需要注意的是，安装空间、井深和结构因产品而异。

在保证头顶空间的情况下，设置起吊荷载4900N（500kg）的承重梁（边长120mm的方形或更大）。此外，要确保承重梁和天花板的间隙（150mm左右）。

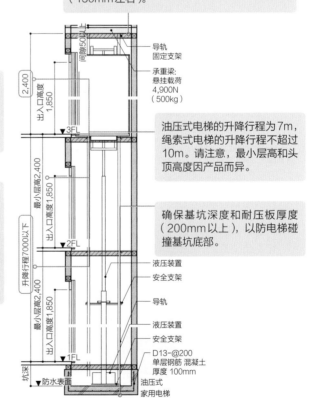

油压式电梯的升降行程为7m，绳索式电梯的升降行程不超过10m。请注意，最小层高和头顶高度因产品而异。

确保基坑深度和耐压板厚度（200mm以上），以防电梯碰撞基坑底部。

要点 04

坡度平缓的直楼梯的台阶高度应为190~200mm

考虑到上楼的便利性，即使住宅面积狭小，也要尽量降低楼梯的坡度。直楼梯的踏面高度应为190~200mm。案例中的楼房层高为2783mm，楼梯台阶的踏面为225mm，共14级。也就是说，如果层高为2550mm，只需1间❶半就能容纳整个楼梯（若包括楼梯平台，则为2间半）。

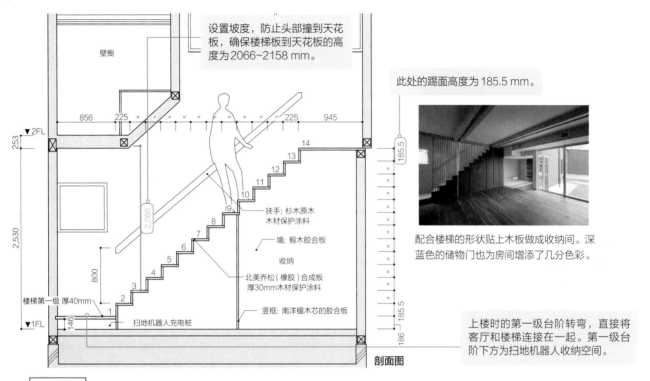

设置坡度，防止头部撞到天花板，确保楼梯板到天花板的高度为2066~2158 mm。

壁橱

856 225 〃 〃 〃 〃 〃 〃 225 945

▼2FL

253

2,066

2,530

800

扶手：杉木原木 木材保护涂料

墙：椴木胶合板

收纳

北美乔松（橡胶）合成板 厚30mm木材保护涂料

竖框：南洋楹木芯的胶合板

楼梯第一级 厚40mm

146

▼1FL

扫地机器人充电桩

此处的踢面高度为185.5 mm。

185.5

185.5

186

剖面图

配合楼梯的形状贴上木板做成收纳间。深蓝色的储物门也为房间增添了几分色彩。

上楼时的第一级台阶转弯，直接将客厅和楼梯连接在一起。第一级台阶下方为扫地机器人收纳空间。

要点 05

旋转楼梯的台阶高以225mm为模数

旋转楼梯的踢面只需套用225mm的模数即可。因此，可以根据台阶数量来设定层高。例如，11级台阶的层高为2475mm，12级为2700mm。当中心柱子直径为100mm时，可达到的最大角度为27°，即日本建筑基准法中规定的踏面最大深度（150mm），13级台阶，层高2925mm。

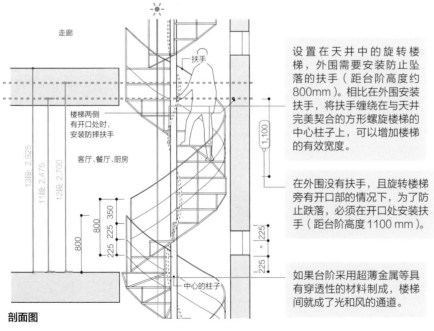

走廊

扶手

楼梯两侧有开口处时，安装防摔扶手

客厅、餐厅、厨房

13段：2,925

11段：2,475

12段：2,700

1,100

800

350

225 225

800

225 〃 〃

225

中心的柱子

剖面图

设置在天井中的旋转楼梯，外围需要安装防止坠落的扶手（距台阶高度约800mm）。相比在外围安装扶手，将扶手缠绕在与天井完美契合的方形螺旋楼梯的中心柱子上，可以增加楼梯的有效宽度。

在外围没有扶手，且旋转楼梯旁有开口部的情况下，为了防止跌落，必须在开口处安装扶手（距台阶高度1100 mm）。

如果台阶采用超薄金属等具有穿透性的材料制成，楼梯间就成了光和风的通道。

楼梯局部平面

1,880

950 990

1,940

LDK

FL ±0

最好采用绕旋转楼梯一周（360°）以内可以上一层楼的方案，这样易于规划。在这种情况下，台阶的角度在11级时为33°，在12级时为30°，在13级时为27°。

上 "DROP ON LEAF" 设计：JYU ARCHITECT 充综合计划一级建筑师事务所 照片：桧川泰治
下 "SGB" 设计：Arts-Crafts建筑研究所

❶间，日本的测量单位，1间=6尺，约合1.8m。

倾斜度小于35°的楼梯更适合爱犬

对于爱犬来说，上下楼梯十分困难，通常情况下应该避免让它们上下楼。但是，为了减轻爱犬上下楼梯时的负担，可以设置台阶和斜坡。具体来说，踢面低至145mm，踏面大于298mm。此外，如果在楼梯旁同时设置斜坡，上下楼将会变得更加安全。

坡度较缓的楼梯需要较大的面积，因此沿墙设置了旋转幅度较大的楼梯，同时在旁边设计倾斜26°的犬用斜坡。

层高为2610mm，因此采用了踢面145mm、踏面298mm的18级台阶，中间还设置了楼梯平台。

为了便于爱犬在平台上眺望屋外，在楼梯平台的墙体下方安装了玻璃。

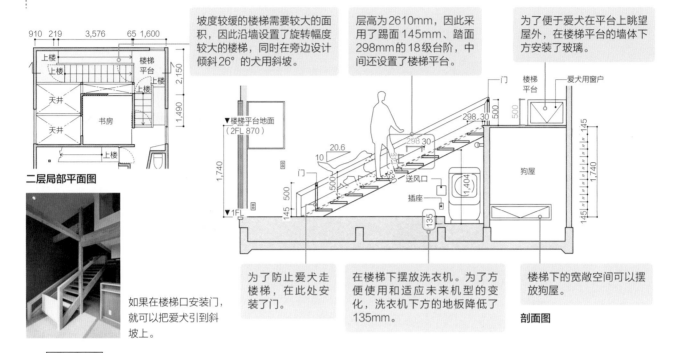

二层局部平面图

如果在楼梯口安装门，就可以把爱犬引到斜坡上。

为了防止爱犬走楼梯，在此处安装了门。

在楼梯下摆放洗衣机。为了方便使用和适应未来机型的变化，洗衣机下方的地板降低了135mm。

楼梯下的宽敞空间可以摆放狗屋。

剖面图

将楼梯下的地面高度降低200mm，作为洗漱间

楼梯下方的空间多用作马桶间或储物间。但是，只要稍微花点心思，就可以和其他空间融为一体。例如，只要将台阶下方的地板高度降低1级（200mm左右），就可以当作洗漱间使用。楼梯下方天花板较低的地方最适合放置洗衣机。摆放滚筒式洗衣机的情况下，上方的收纳空间会更大。

在天花板最低的位置摆放1076mm高的滚筒洗衣机。包括水龙头在内，总高度约为1300mm，上方还设置了高度为365 mm的收纳空间。

将洗漱间的地面高度降低一个台阶的高度（约200mm），确保天花板高2000mm。

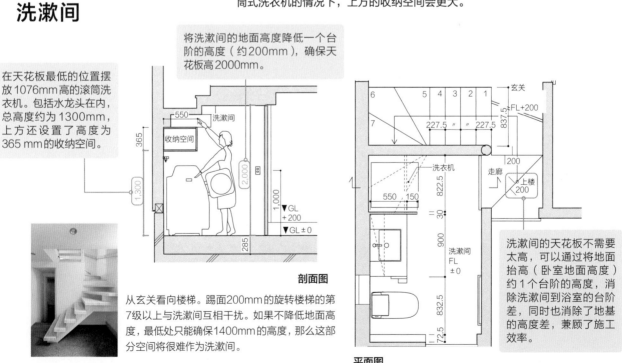

剖面图

从玄关看向楼梯。踢面200mm的旋转楼梯的第7级以上与洗漱间互相干扰。如果不降低地面高度，最低处只能确保1400mm的高度，那么这部分空间将很难作为洗漱间。

洗漱间的天花板不需要太高，可以通过将地面抬高（卧室地面高度）约1个台阶的高度，消除洗漱间到浴室的台阶差，同时也消除了地基的高度差，兼顾了施工效率。

平面图

上 "两只大型犬的斜坡屋" 设计：JYU ARCHITECT 充综合计划一级建筑师事务所　照片：桧川泰治
下 "SAI" 设计：JYU ARCHITECT 充综合计划一级建筑师事务所　照片：桧川泰治

设置宽阔的楼梯平台 最大限度地利用空间

挑空空间能够让客厅显得更加开放，但如果是双层挑空，则可能因天花板的高度而使房间显得十分凌乱。在这种情况下，如果在客厅里设置楼梯，将楼梯平台作为第二客厅，就可以在单一空间里设置多个房间。楼梯平台的地面高于客厅地面1400~1800mm，就可以有效利用下方的空间。

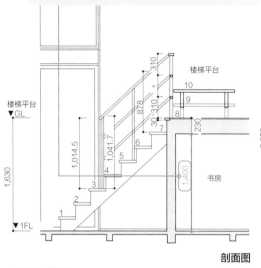

【标准】如果楼梯平台下方空间的天花板高度为1400mm，就能当作书房使用。此处楼梯平台的高度为1层地面+1630mm（踢面204 mm的楼梯的第8级）。

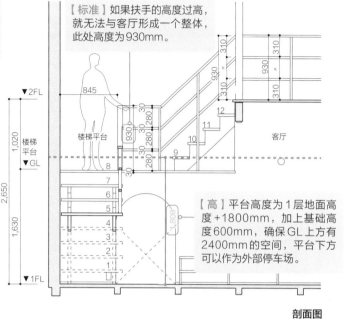

【标准】如果扶手的高度过高，就无法与客厅形成一个整体，此处高度为930mm。

【高】平台高度为1层地面高度+1800mm，加上基础高度600mm，确保GL上方有2400mm的空间，平台下方可以作为外部停车场。

剖面图

剖面图

要点 09

改变楼梯的分配，调整楼梯下方的高度

对于踢面200mm，面积为1间×1间的回转楼梯，楼梯下方回转处的高度稍低，约为1400mm，不适合当作卫生间或洗漱间。如果想要增加高度，可以通过增加下层楼梯到旋转部分的台阶数量等，改变台阶的分配。

更衣室和卫生间设置在楼梯旁，为了尽量遮盖楼梯的回转部分，可以将下层楼梯口到回转部分的层数由4层改为6层。

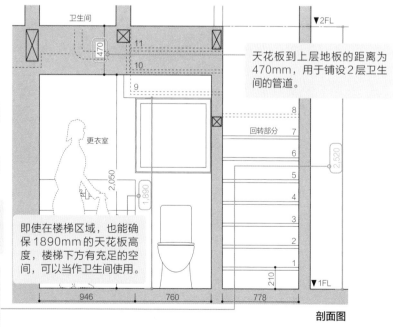

1层局部平面图

楼梯下方的空间可以作为卧室的收纳间，最大限度地有效利用空间。

由于一楼卧室的房梁外露，层高低于设置天花板（层高2600mm左右）时的高度。因此，采用了踢面210mm的12级台阶，1层的层高为2520mm。

天花板到上层地板的距离为470mm，用于铺设2层卫生间的管道。

即使在楼梯区域，也能确保1890mm的天花板高度，楼梯下方有充足的空间，可以当作卫生间使用。

剖面图

上"镰仓·大町之家" 设计：NL设计室
下"所泽M邸" 设计：iplusi设计事务所

厨房里的设备决定了操作台的最小宽度

厨房不能太窄也不能太宽。如果房屋面积有限，只能布置一体式的LDK，则每个空间的面积和布局由所需家电设备的尺寸、通道的宽度和天花板的高度决定。此外，还要注意搬运冰箱的路线。

面对面型厨房，通道宽度是关键

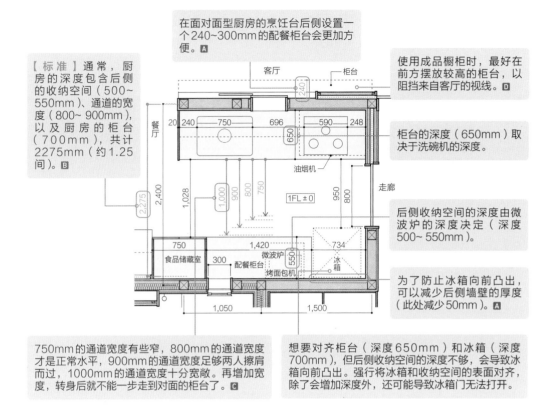

在面对面型厨房的烹饪台后侧设置一个240~300mm的配餐柜台会更加方便。 A

【标准】通常，厨房的深度包含后侧的收纳空间（500~550mm）、通道的宽度（800~900mm），以及厨房的柜台（700mm），共计2275mm（约1.25间）。 B

使用成品橱柜时，最好在前方摆放较高的柜台，以阻挡来自客厅的视线。 D

柜台的深度（650mm）取决于洗碗机的深度。

后侧收纳空间的深度由微波炉的深度决定（深度500~550mm）。

为了防止冰箱向前凸出，可以减少后侧墙壁的厚度（此处减少50mm）。 A

750mm的通道宽度有些窄，800mm的通道宽度才是正常水平，900mm的通道宽度足够两人擦肩而过，1000mm的通道宽度十分宽敞。再增加宽度，转身后就不能一步走到对面的柜台了。 C

想要对齐柜台（深度650mm）和冰箱（深度700mm），但后侧收纳空间的深度不够，会导致冰箱向前凸出。强行将冰箱和收纳空间的表面对齐，除了会增加深度外，还可能导致冰箱门无法打开。

平面图（Ando工作室）

墙面型厨房，降低成本和面积

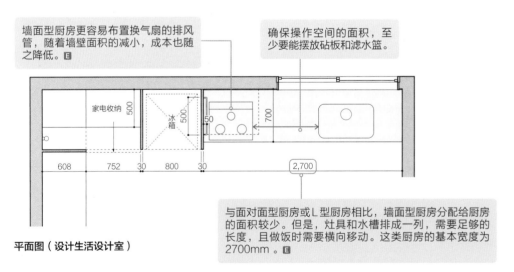

墙面型厨房更容易布置换气扇的排风管，随着墙壁面积的减小，成本也随之降低。 E

确保操作空间的面积，至少要能摆放砧板和滤水篮。

平面图（设计生活设计室）

与面对面型厨房或L型厨房相比，墙面型厨房分配给厨房的面积较少。但是，灶具和水槽排成一列，需要足够的长度，且做饭时需要横向移动。这类厨房的基本宽度为2700mm。 E

解说 A Ando工作室、 B 3110ARCHITECTS一级建筑师事务所、 C 若原工作室、 D 山崎壮一建筑设计事务所、 E 设计生活设计室

天花板的高度取决于油烟机和收纳空间

根据日本的消防法，燃气灶与油烟机之间的距离需超过800mm。另外，除管道直径外，排气管道上还需要覆盖厚度在50mm以上的特定不可燃材料，因此，使用不能直接向外排气的油烟机时，必须在考虑管道路径规划的基础上设置天花板的高度。

收纳考虑使用方便性和天花板高度

由于高处的收纳空间难以使用，因此采用独立式厨房时，可以将天花板的高度降低至2200~2250mm。Ａ

如果天花板太高，则不能在高处设置收纳空间，可以将天花板的高度设定为2160mm。但是，由于油烟机的位置变低，个子高的人使用时需注意，不要碰到头（需事先向居住者了解情况）。Ｂ

油烟机与旁边的收纳空间深度（多为375mm）一致，看起来十分整洁。再做一块挡板盖在表面，最好布置成与收纳柜一样的样子。Ａ

内置洗碗机有两种型号，一种宽450mm，另一种宽600mm。

如果将厨房（燃气灶）设置在1层，则应该考虑防火墙或装修限制。Ｃ

确保燃气灶附近收纳调味料（宽度150~200mm）的空间。

操作台的高度约为"身高÷2+50mm"。确定高度时要考虑拖鞋和居住者此前使用的操作台高度等因素。

水槽下面有垃圾箱。30L无印良品带盖垃圾桶的宽度只有约190mm，可以并排摆放，便于垃圾分类。

如果将LDK连在一起，则要调整天花板高度。ＡＤ

在墙壁边缘摆放冰箱时，要确保冰箱门开闭的空间。

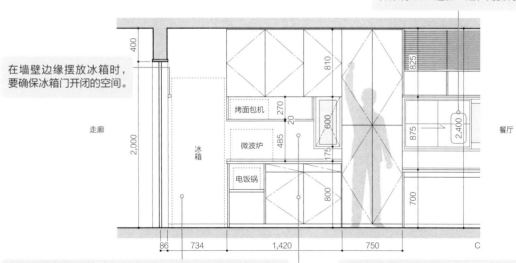

虽然将冰箱放在LD的出入口处十分方便，但会阻碍LD的视线。如果在厨房设计回游动线，使LD和走廊的人都能更方便地使用冰箱，那么冰箱动线也会更加方便。

设置隐藏式收纳空间（安装门）还是开放式收纳空间（不安装门），需要事先向居住者确认，并确保开门时的通道宽度。

平面图（Ando工作室）

解说　Ａ Ando工作室、Ｂ 木木设计室、Ｃ 广部刚司建筑研究所、Ｄ 设计生活设计室

考虑使用者的身体尺寸

掌握好使用者的操作范围和操作空间，就能减少做饭时的多余动作和移动距离。另外，现在开放式厨房逐渐流行，家庭成员也逐渐开始一同做饭，所以要考虑操作空间的大小和做饭时人与人之间的距离。

操作空间

凸窗既能确保采光，又能在窗台上摆放物品。但是，如果进深太深，就会妨碍使用者开关窗户和取放物品。

操作台的深度通常为650mm，延长至750mm后，除砧板外，还可以摆放食材和碗筷，提高工作效率。 A

乘坐轮椅做饭时，操作台高度为670~700mm。另外，操作台下方需预留600mm的空间，以便轮椅进入（由轮椅的型号决定）。

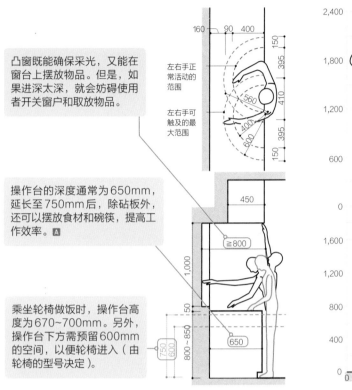

左右手正常活动的范围

左右手可触及的最大范围

多人参与的操作空间

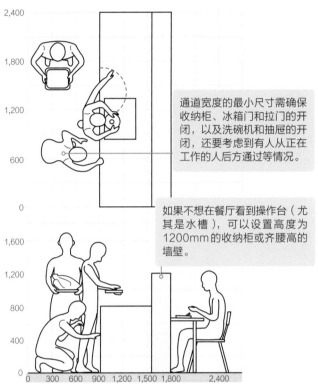

通道宽度的最小尺寸需确保收纳柜、冰箱门和拉门的开闭，以及洗碗机和抽屉的开闭，还要考虑到有人从正在工作的人后方通过等情况。

如果不想在餐厅看到操作台（尤其是水槽），可以设置高度为1200mm的收纳柜或齐腰高的墙壁。

布局规划决定面积

墙面型厨房方便集中操作，不设置收纳柜能够节省很多空间。在面对面型厨房的LD一侧配置水槽，背面配置灶具，就能减少厨房的宽度。岛型厨房与LD形成一个整体。将L型厨房中灶具和水槽呈90°配置，能够缩短灶具、水槽和冰箱之间的移动距离。

墙面型厨房

在操作台后侧设置收纳柜，就能遮挡LD的视线。

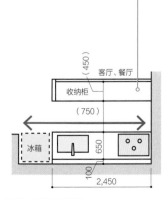

面对面型厨房

做饭时，做饭者大部分时间都待在水槽附近。为了能和家人交流，可以让水槽面对LD。考虑到飞溅的油渍和油烟机的位置，最好将灶具设置在墙边。

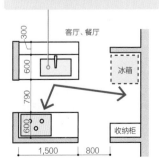

岛型厨房

如果在岛上配置灶具，就必须将换气扇的管道设置在天花板上方，所以设计时要考虑天花板的高度和安装通风门。

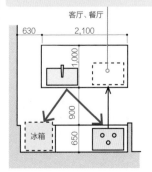

L型厨房

角落部分很容易形成死角，可以考虑设计旋转储物架。

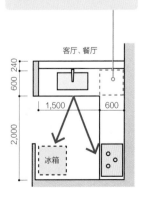

解说 A若原工作室

冰箱的尺寸影响布局

近年来，冰箱的尺寸越来越大，而冰箱的尺寸（外部尺寸）会影响走廊的宽度。如果将冰箱摆放在2楼，那么冰箱的尺寸还会影响楼梯的宽度，以及住宅的整体布局。即使想用起重机将冰箱运送至上层，有时也会因房屋周围道路狭窄而无法实施。

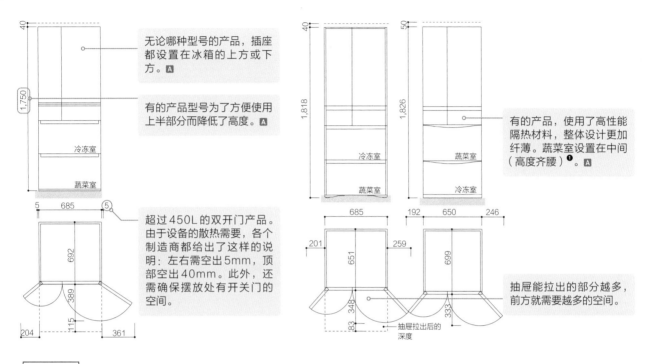

无论哪种型号的产品，插座都设置在冰箱的上方或下方。🅐

有的产品型号为了方便使用上半部分而降低了高度。🅐

有的产品，使用了高性能隔热材料，整体设计更加纤薄。蔬菜室设置在中间（高度齐腰）❶。🅐

超过450L的双开门产品。由于设备的散热需要，各个制造商都给出了这样的说明：左右需空出5mm，顶部空出40mm。此外，还需确保摆放处有开关门的空间。

抽屉能拉出的部分越多，前方就需要越多的空间。

要点 05

掌握微波炉和电饭煲的尺寸

微波炉分为三种类型：①微波炉；②微波炉+烤箱；③微波炉+烤箱+蒸箱。性能越高的产品所需的散热空间越小。电饭煲工作时会冒出蒸汽，所以做饭时上方也应留有空间。

微波炉

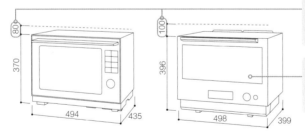

需在上方预留80~100mm的空间，左右和后方不需要空间❷。但是，不能与不耐热材料（玻璃等）制品或家用电器等摆放在一起。

现在，一些新的烤箱+蒸箱产品，其内部的上方呈圆顶状，可以进行300℃的高温烹饪，适合喜欢制作点心和面包的人。

电饭煲

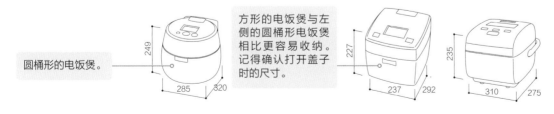

圆桶形的电饭煲。

方形的电饭煲与左侧的圆桶形电饭煲相比更容易收纳。记得确认打开盖子时的尺寸。

解说　🅐biccamera

❶有的人喜欢较大的冷冻室或蔬菜室，个人的喜好会影响冰箱的选择。
❷普通微波炉的上方需要200mm、后方需要100mm、左右需要50mm的空间，预留空间大小因产品而不同。

对多数人有用的
厨房要点

如果厨房面积足够宽敞，可以扩大操作空间。另外，最好有两个水槽，一个用来清洗蔬菜等物品，另一个专门用来冷却葡萄酒。厨房柜台的高度（约900mm）最好能够兼顾多种用途，且男女共用。

适合招待宾客的家庭厨房

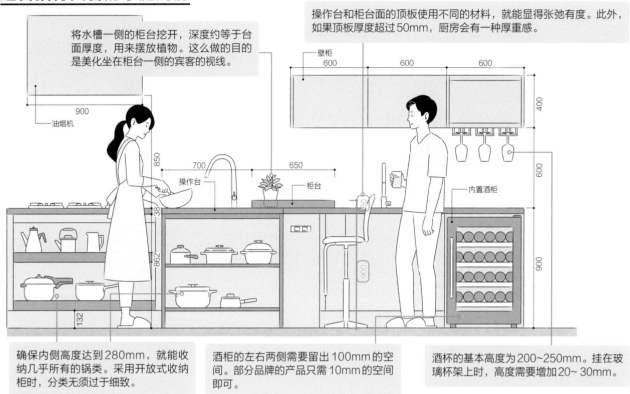

将水槽一侧的柜台挖开，深度约等于台面厚度，用来摆放植物。这么做的目的是美化坐在柜台一侧的宾客的视线。

操作台和柜台面的顶板使用不同的材料，就能显得张弛有度。此外，如果顶板厚度超过50mm，厨房会有一种厚重感。

油烟机 900

壁柜 600 / 600 / 600

400

600

850

700　650

操作台　柜台

38　862　132

内置酒柜

900

确保内侧高度达到280mm，就能收纳几乎所有的锅类。采用开放式收纳柜时，分类无须过于细致。

酒柜的左右两侧需要留出100mm的空间。部分品牌的产品只需10mm的空间即可。

酒杯的基本高度为200~250mm。挂在玻璃杯架上时，高度需要增加20~30mm。

内置家用电器的注意事项

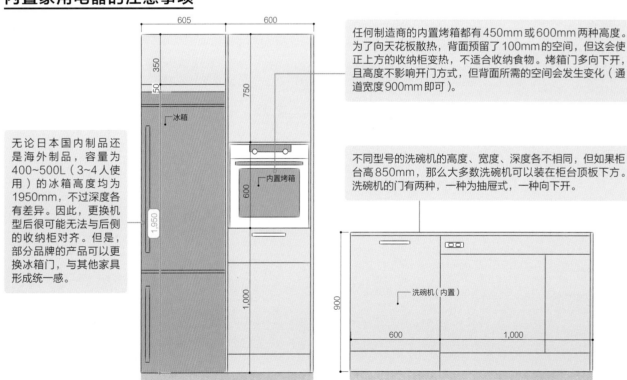

605　600

350

50　750

冰箱

600

内置烤箱

1,950

1,000

任何制造商的内置烤箱都有450mm或600mm两种高度。为了向天花板散热，背面预留了100mm的空间，但这会使正上方的收纳柜变热，不适合收纳食物。烤箱门多向下开，且高度不影响开门方式，但背面所需的空间会发生变化（通道宽度900mm即可）。

无论日本国内制品还是海外制品，容量为400~500L（3~4人使用）的冰箱高度均为1950mm，不过深度各有差异。因此，更换机型后很可能无法与后侧的收纳柜对齐。但是，部分品牌的产品可以更换冰箱门，与其他家具形成统一感。

不同型号的洗碗机的高度、宽度、深度各不相同，但如果柜台高850mm，那么大多数洗碗机可以装在柜台顶板下方。洗碗机的门有两种，一种为抽屉式，一种向下开。

洗碗机（内置）

900

600　1,000

解说　CUCINA

台面挡板的高度为操作台+320mm

厨房柜台挡板的高度应确保从餐厅看向厨房时能够遮挡手部做饭时的动作，且不会带来压迫感（约1150mm）。餐厅一侧兼做储物架，餐厅的空间也显得更大。

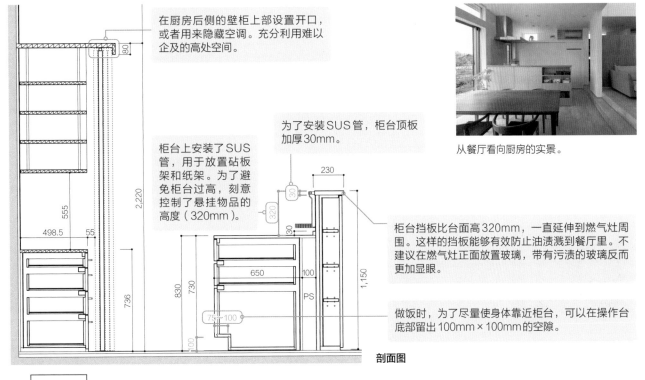

在厨房后侧的壁柜上部设置开口，或者用来隐藏空调。充分利用难以企及的高处空间。

为了安装SUS管，柜台顶板加厚30mm。

柜台上安装了SUS管，用于放置砧板架和纸架。为了避免柜台过高，刻意控制了悬挂物品的高度（320mm）。

从餐厅看向厨房的实景。

柜台挡板比台面高320mm，一直延伸到燃气灶周围。这样的挡板能够有效防止油渍溅到餐厅里。不建议在燃气灶正面放置玻璃，带有污渍的玻璃反而更加显眼。

做饭时，为了尽量使身体靠近柜台，可以在操作台底部留出100mm×100mm的空隙。

剖面图

地面下沉370mm，以降低视线

为了满足与厨房一体的镶嵌式桌子的要求，将厨房地面下沉约370mm（约等于两级台阶，一级187.5mm）。这样，站在厨房做饭时，就能与坐在餐桌旁的家人视线保持一致。

日本人有时习惯坐在地上或使用下沉式被炉，设计被炉时略微提高天花板的高度。坐垫选择较高的聚氨酯材料制品，坐下后再调整高度。

被炉会加重腰腿的负担。即使居住者要求，也应该在设计前充分说明风险。

厨房的操作台是站立使用的，比镶嵌式桌子的桌面边缘高出99mm。

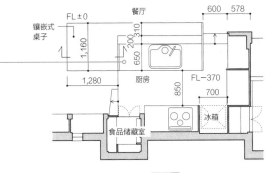

平面图

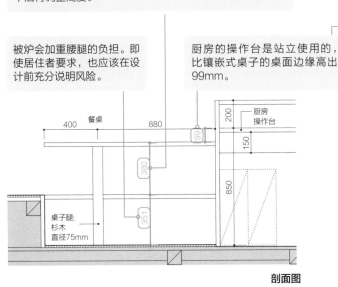

桌子腿：杉木直径75mm

餐桌

厨房操作台

剖面图

被炉会给腰腿带来负担，不适合推荐给居住者作为日常使用。但通过改变厨房的视线高度，可以营造出非日常的独特空间，更适合作为别墅中的空间。

上 "下高井之家" 设计：松本直子建筑设计事务所 照片：小川重雄
下 "地板之家" 设计：Ms建筑设计事务所 照片：三泽康彦

要点 09

厨房的天花板高度只需 2100mm

厨房墙壁的高处常常用来收纳物品，如设置壁柜等。尽管如此，遥不可及的高处空间也很难用来收纳物品。为此，特意将厨房的天花板高度控制在2100mm。

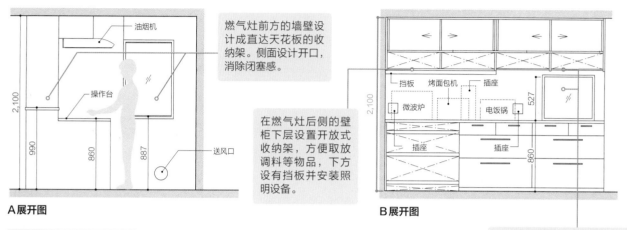

A展开图

- 油烟机
- 操作台
- 送风口

2,100 / 990 / 860 / 887

燃气灶前方的墙壁设计成直达天花板的收纳架。侧面设计开口，消除闭塞感。

在燃气灶后侧的壁柜下层设置开放式收纳架，方便取放调料等物品，下方设有挡板并安装照明设备。

B展开图

- 挡板
- 烤面包机
- 插座
- 微波炉
- 电饭锅
- 插座
- 插座

2,100 / 527 / 860

水槽的后侧是间距30mm的不锈钢排水架，半干的厨具等可以放在这里晾干。在排水架下方是兼具采光和换气功能的窗户。

从厨房透过餐厅的开口，可以看到阳台上的绿色，夜晚透过天窗（照片上方）可以看到月亮。厨房的天花板高度较低，而相邻的餐厅天花板高度为2100~3569mm，这种张弛有度的设计让人觉得空间十分宽敞。

要点 10

为了LDK之间的平衡，打造天花板较高的厨房

如果将LDK当作一个整体，那么从考虑厨房与LD的平衡的角度，也要考虑抬高厨房的天花板高度。天花板的坡度不是与屋顶坡度一致，而是要在空间中发生变化。天花板朝着露台开口处缓慢降低，打造沉稳大气的餐厅、客厅。

如果想让厨房和LD形成一个整体，就不要在厨房柜台上设置挡板。将燃气灶设置在柜台后侧，就不用担心油渍溅到餐厅了。

如果经常站在厨房的人身高大于160cm，则推荐将厨房柜台的高度设定为900mm。较高的柜台有助于保持良好的做饭姿势。

对于天花板较高的厨房来说，受燃气灶加热的空气可能会上升至高于油烟机的位置，所以需要在天花板的最高处设置可以换气的开口。

燃气灶前方的墙面应采用不锈钢或瓷砖，同时要符合周围的装饰风格。此处从燃气灶到油烟机下端的900mm采用了不锈钢材料。

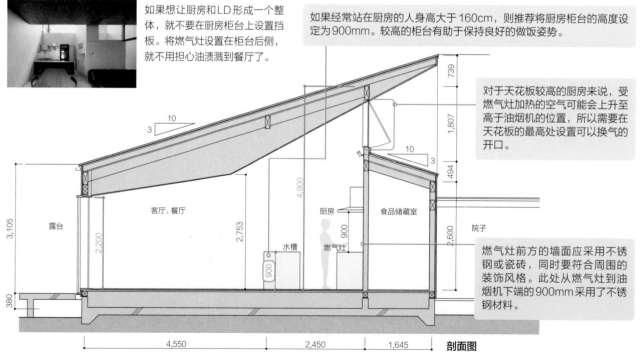

剖面图

露台 / 客厅、餐厅 / 水槽 / 厨房 / 燃气灶 / 食品储藏室 / 院子

3,105 / 2,200 / 2,753 / 4,900 / 900 / 739 / 1,807 / 494 / 2,600 / 380 / 10 / 3

4,550 / 2,450 / 1,645

食品储藏室兼收纳间

随着成批采购的普及和便利性的提高，人们对食品储藏室的需求越来越高。人们需求的收纳量根据生活方式的不同也会产生变化。另外，收纳物品一般是酒、水、米、罐头等可囤积的物品。同时，不要忘了设计垃圾桶和家电产品的收纳空间。

厨房在1层

食品储藏室和玄关相连能够增加便利性。从玄关直接进入食品储藏室，就能将购买的食材用箱子搬运到指定的位置。A

按照玄关→食品储藏室→厨房的顺序排列，更方便搬运重物。此外，还可以将厨房布置成土间（地面低于餐厅）。A

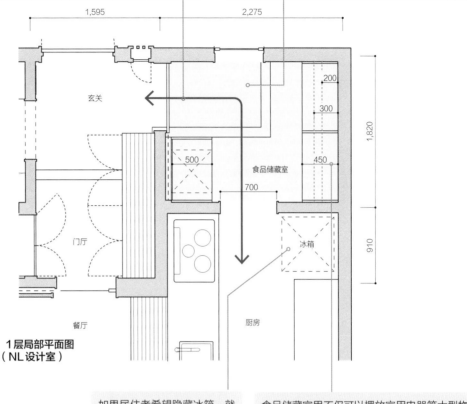

1层局部平面图
（NL设计室）

如果居住者希望隐藏冰箱，就可以设计能够收纳冰箱的食品储藏室。C

食品储藏室里不仅可以摆放家用电器等大型物品，还可以储藏罐头和酒类。因此，将货架的深度控制在200~300mm，就能迅速找到自己想要的物品。B

厨房在2层

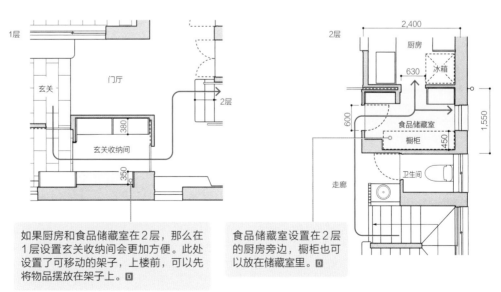

如果厨房和食品储藏室在2层，那么在1层设置玄关收纳间会更加方便。此处设置了可移动的架子，上楼前，可以先将物品摆放在架子上。D

食品储藏室设置在2层的厨房旁边，橱柜也可以放在储藏室里。D

平面图（3110ARCHITECTS一级建造师事务所）

解说　A NL设计室、B Asunaro建筑工房、C 设计生活设计室、D 3110ARCHITECTS一级建筑师事务所

根据物品设计摆放的架子和位置

厨房家电种类繁多,在此介绍一下近年来越来越多的家庭正在使用的家电。根据每件电器的尺寸和方便性决定其摆放的位置。除了家电外,食品储藏室里还可以存放各种食品。另外,还需注意住户家中原有的旧橱柜的尺寸。

现代家电

由于在便利店里就能轻松地买到粉末型咖啡和胶囊型咖啡,胶囊咖啡机逐渐成为家庭常备机器。即使不喝咖啡也可以制作红茶或其他茶饮。

在家就可以轻松地制作酸奶、甜酒、盐曲、奶油芝士、纳豆、水果醋等。

喜欢吃吐司的人的必需品,即使已经拥有烤箱(微波炉),也可以用它快速加热美味的土司。

全自动式咖啡机,只需一台机器就能完成从研磨到饮用的全部程序,因此深受人们喜爱。

气泡水机也有不同的类型,有的机型只需要气缸,不需要电源。除了制作饮料外,有的人还用它来美容(洗脸等)。

电烤炉的类型由加热板决定,大小也各不相同。

收纳在食品储藏室里的物品

设置两种深浅不同的架子,在较深的架子上摆放大型物品和收纳箱,在较浅的架子上摆放罐头、调味料、酒等物品,就能使所有物品一目了然。

建议使用可移动的搁板。高2m的收纳柜,适合设置4块搁板。

当旧橱柜与房间设计风格不一致时,多数情况下不是摆放在餐厅里,而是放在食品储藏室里。如果有旧橱柜,一定要事先确认尺寸和摆放位置。

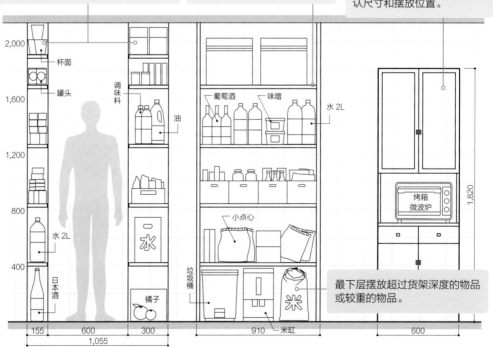

最下层摆放超过货架深度的物品或较重的物品。

家政间可以紧邻厨房

平面布局重点在于进出方便

家政间里可以设置一处能够打印文件的场所。即使在餐桌上工作，也要确保有收纳打印文件的专用空间。不妨设置在餐厅深处，这样从客厅看过来不会特别显眼。A B

与在餐桌上工作相比，在家政间摆放专用的桌子，省去了每次吃完饭收拾桌子的麻烦。桌子的尺寸为430mm×780mm。B

桌子的纵深与橱柜保持一致。橱柜靠近餐厅，不仅方便家人们上菜，还能遮挡家政间。

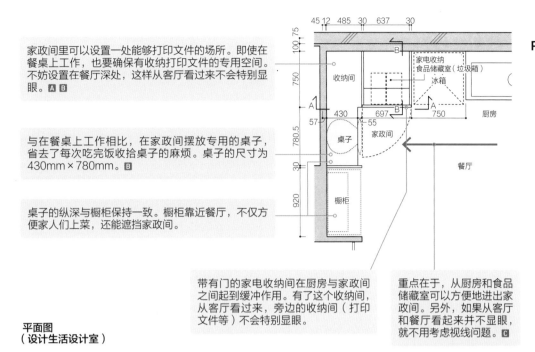

带有门的家电收纳间在厨房与家政间之间起到缓冲作用。有了这个收纳间，从客厅看过来，旁边的收纳间（打印文件等）不会特别显眼。

重点在于，从厨房和食品储藏室可以方便地进出家政间。另外，如果从客厅和餐厅看起来并不显眼，就不用考虑视线问题。C

平面图
（设计生活设计室）

高度取决于放置的物品和工作内容

如果厨房旁边有摆放办公桌的空间，就可以用于计算家庭收支、整理孩子从学校带回的物品等。此外，如果厨房周边有收纳所需物品的空间，或者在家政间里安装计算机和打印机之类的家电，就能大幅提高做家务的效率。家政间大小在最好设置在1.5~3叠之间。

在家政间中摆放的物品和要做的工作大多是事先确定好的。设计时可以设想具体的物品，确定架子的尺寸和插座的位置，方便居住者使用。A

在架子和背板之间留出约30mm的空隙，以便电线穿过。

桌子和家电收纳间下层的架子高度保持一致，无论站着使用还是坐着使用都很方便。

桌子的纵深比收纳空间的宽度短55mm，避免开关门时碰到椅子。

在餐厅里可以看到家电收纳间，所以安装了一扇较大的门以遮挡视线。

展开图（设计生活设计室）

解说 A设计生活设计室、BAsunaro建筑工房、C山崎壮一建筑设计事务所

可以洗衣服的家政间

如果能在家政间洗衣服就更方便了。将家政间设置在厨房深处，不仅能阻挡客厅、餐厅中人的视线，还能用来晾晒衣物。此处设置了柜台和插座，可以进行简单的缝纫加工。

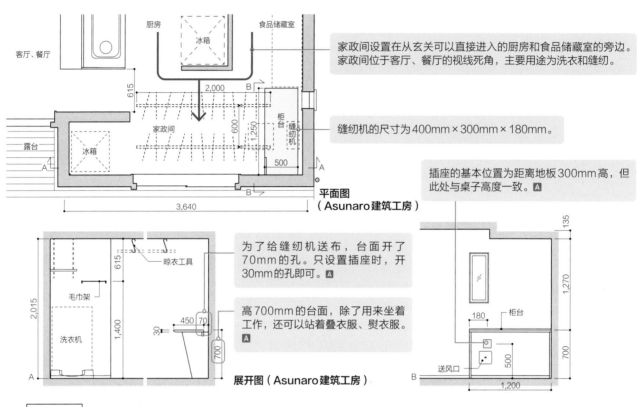

平面图（Asunaro建筑工房）

家政间设置在从玄关可以直接进入的厨房和食品储藏室的旁边。家政间位于客厅、餐厅的视线死角，主要用途为洗衣和缝纫。

缝纫机的尺寸为400mm×300mm×180mm。

插座的基本位置为距离地板300mm高，但此处与桌子高度一致。Ａ

为了给缝纫机送布，台面开了70mm的孔。只设置插座时，开30mm的孔即可。Ａ

高700mm的台面，除了用来坐着工作，还可以站着叠衣服、熨衣服。Ａ

展开图（Asunaro建筑工房）

家政间里的物品和尺寸

事先掌握搬入的电脑和打印机等放在桌子周围的物品的量和尺寸，就能顺利地配置桌子周围的架子。文件收纳场所的必要尺寸由文件的大小决定。

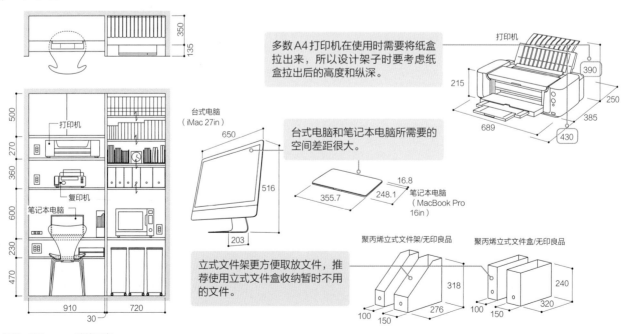

多数A4打印机在使用时需要将纸盒拉出来，所以设计架子时要考虑纸盒拉出后的高度和纵深。

台式电脑和笔记本电脑所需要的空间差距很大。

立式文件架更方便取放文件，推荐使用立式文件盒收纳暂时不用的文件。

解说 ＡAsunaro建筑工房

以餐桌为中心考虑餐厅的空间大小

随着餐厅用途的多样化，人们有时会在餐厅写作或使用电脑，桌子的大小和摆放的物品也随着使用方式的不同而改变。设计时应充分了解居住者的预期用途，以确定桌子的大小和用餐范围。

方形餐桌

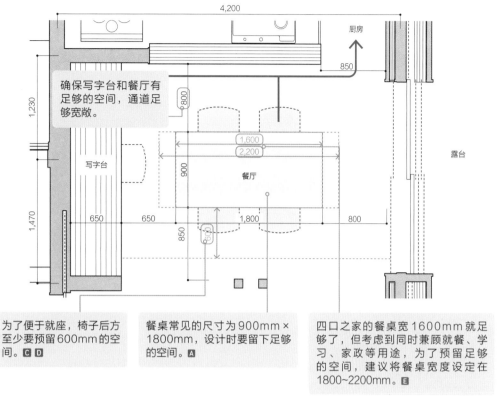

> 确保写字台和餐厅有足够的空间，通道足够宽敞。

> 为了便于就座，椅子后方至少要预留600mm的空间。**C D**

> 餐桌常见的尺寸为900mm×1800mm，设计时要留下足够的空间。**A**

> 四口之家的餐桌宽1600mm就足够了，但考虑到同时兼顾就餐、学习、家政等用途，为了预留足够的空间，建议将餐桌宽度设定在1800~2200mm。**E**

平面图（Ando工作室）

圆形餐桌

> 【标准】为了兼顾各个房间，在面积狭小的住宅中，餐厅面积通常为7m²，并配置4人用的圆形桌子（直径约1200mm）。**B**

> 【大】直径1500mm，可供六人围坐。

> 改变天花板的高度或者地板的高度，就能让客厅和餐厅显得张弛有度。**B**

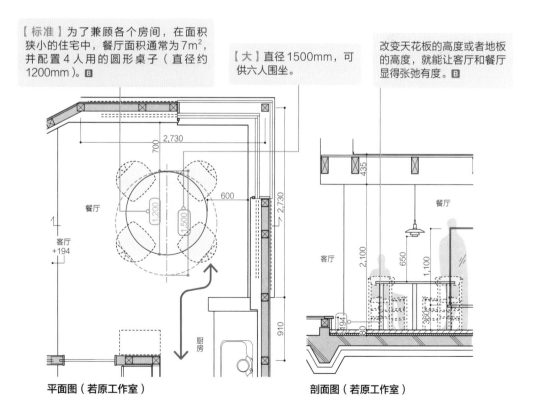

平面图（若原工作室）　　剖面图（若原工作室）

解说　**A** Ando工作室、**B** 若原工作室、**C** Riota设计、**D** Akimichi Design、**E** 设计生活设计室

根据生活方式决定餐桌的大小

4人餐桌的常用尺寸为宽1500mm×深850mm×高720mm。近年来，人们开始在餐厅中学习和工作，餐桌的尺寸也有变大的倾向。由于成品家具的椅子的座面高度通常为440~450mm，所以需要考虑将座面高度调整为桌面高度减去280~300mm。

餐桌

为了就餐时互相避开视线而设计的饭团形桌子深受人们的喜爱。但是，因为要根据照明设备的位置摆放桌子，这种形状餐桌的角落位置有可能浪费空间。

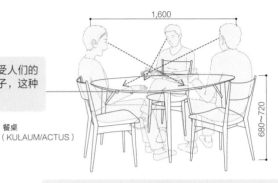

餐桌
（KULAUM/ACTUS）

如果桌子的四个角落都有腿，那么使用带扶手的椅子时就会互相干扰。只用一根位于中心的桌子腿支撑桌面的餐桌也越来越多。

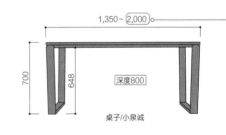

方形桌子/sinken

当桌面高度为650mm时，椅子的座面高度约为380mm，坐下时整个脚底都可以放在地面上，很有安全感。

椅子（RINN/Arflex）

餐桌（CRD-1809 CREDO/Arflex）

如果家中有多个子女，就要预留更多的空间，以便孩子们长大后使用。选择宽1800mm的6人桌，父母就可以坐在旁边辅导孩子学习。

深度800

桌子/小泉诚

如果桌子宽度超过1800mm，就可以用于其他用途，如使用笔记本电脑，或让孩子们在这里摊开书本学习。

可供大人们围坐的圆形桌子也很受欢迎。Arflex"COLUMN"餐桌只有一条腿，所以很多人围坐在一起也不会互相干扰。另外，餐桌的直径约为1500mm，可容纳7~8人围坐。

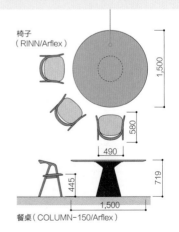

椅子
（RINN/Arflex）

餐桌（COLUMN-150/Arflex）

在空间的平面形状不变的情况下，相比方形桌子，圆形桌子周围的动线更容易通行。如果直径超过1100mm，就足够4人使用。

φ1,100

φ1,200

"croce桌子"/村泽一晃

"圆形桌子"/sinken

餐椅

最近主流的餐桌高度为720mm。

原木和人造石结合的餐桌，因为耐脏防伤，可以直接将锅放在桌面上，所以深受人们喜爱。

950
720
280
440

座面高度（座椅高度）

设计椅子高度时可以考虑下沉座面。

确认扶手椅能否推进桌子下方。Arflex"JK"的温馨木架和座面都带有保护套，所以容易维护，这一点深受人们喜爱。

580
710
445
490

椅子（JK/Arflex）

450
776
420
520

椅子（Plywood Dining Chair）

没有扶手的椅子更方便入座。因为容易左右活动身体，所以坐下后更放松，也适合需要频繁站起来做家务的人。

对于同时在客厅和餐厅使用的椅子，推荐使用能够支撑背部、平稳入座的扶手椅。

如果椅子的高度与桌面之间的距离小于100mm，可以降低空间重心，营造开阔感。

610
435
770
630
550
深535

ZAGAKU01/村泽一晃

655
430
530
深560

hiroshima扶手椅、坐垫椅/深泽直人

595
420
650
730
530
深565

UU椅子/小泉诚

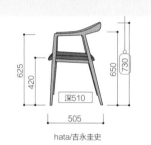

625
420
650
730
505
深510

hata/吉永圭史

胶合板制作的椅背和弯曲座面十分贴合身体曲度，适合长时间使用。

座面由可拆洗的梭织面料制成，可以根据室内装饰和季节进行更换。

475
720
430
深503

"T-3035 AS-ST"/柳宗理

480
790
450
深390

hiroshima椅子/深泽直人

推荐在榻榻米上使用，适合搭配高350mm的桌子。

350
535
120

ZAGAKU01/村泽一晃

长椅和凳子

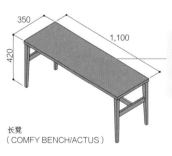

350
1,100
420

长凳（COMFY BENCH/ACTUS）

板凳式椅子，在有孩子的家庭里，可以当作小桌子使用。挑选可以收纳在桌子下面的长凳，不用的时候也不会碍事。

380
440
400
450
350

凳子（STOOL 60）

可叠放木凳（剑持勇）

450
530
660

shoemakerchair / werner 12

座面高660mm的凳子可以摆放在厨房角落。该产品有很多座面高度不同的款式，座面高390mm的款式适合摆在玄关中，用于穿、脱鞋。

460
460
440

TRI / 宫崎悠辅

座面小巧，比例精美，适合在厨房休息时使用。

确保600mm的宽度供人通过

如果只预留了全家人围坐在餐桌时所需的最小面积，就会造成行动不便，客人来访时也无法应对。设计时必须考虑人能够从椅子后方通过的空间，以及追加椅子的情况，留下足够宽敞的空间。

餐桌周围所需的尺寸

1800mm×900mm的餐桌可供4人学习、工作使用。除了在客厅招待来客外，还可以临时增加椅子供客人使用。A

当人坐在椅子上时，如果背后的空间超过1100mm，则既宽敞又方便。坐着的人拉椅子站起来的宽度约为600mm。B

虽然有些窄，但400mm的宽度可供人从坐在椅子上的人背后通过。如果想要再宽敞些，则可以留出600mm以上的宽度。

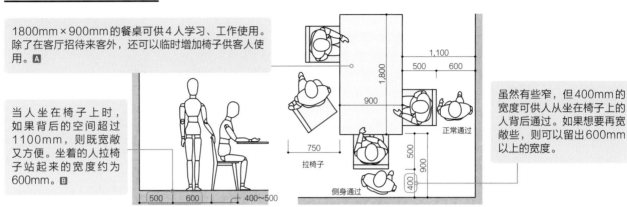

地板和被炉所需的尺寸

确保坐着的人背后有600mm以上的空间，以供他人从背后轻松地通过。C

考虑到有时需在家人坐着时从背后上菜，桌面边缘与墙壁之间的最小距离应为1000mm。

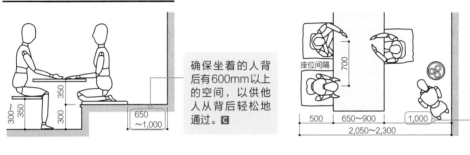

吊灯的高度十分关键

为了照亮餐桌的中心，吊灯悬挂的位置不能太高。保留一根较长的软线，挂在钩子上，就可以根据桌子的中心位置调节吊灯。调光开关最好设置在餐厅和厨房都方便开关的位置。

隐藏吊灯的光源

增加可调节绳长度的五金配件，便于调节高度。一般情况下，在离地面1300~1400mm处设置光源，可以从人的视线中隐藏光源，不会显得刺眼。C

如果不想看到碗状的凸起，可以使用吸顶盘等将电线隐藏在天花板上。C

餐桌照明非常重要。如果想要打造安静的空间，则可以选择暖白色的LED等符合场景氛围的光源。

调光开关集中在一起

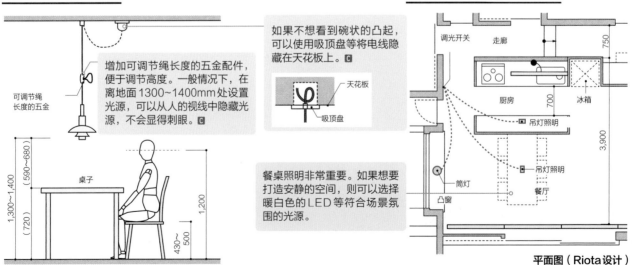

平面图（Riota设计）

解说　A设计生活设计室、B Akimichi Design、C Riota设计

容易在餐厅中散乱摆放的物品

除了日常用餐外，餐厅还有家庭团聚、接待来客等用途。应掌握好摆放在桌子上的餐具的基本尺寸，预设好收纳的场所。如果孩子会在餐桌上写作业，最好也事先设想好孩子的课本、学习工具、书包等经常随手乱放的物品的临时位置。

餐具类

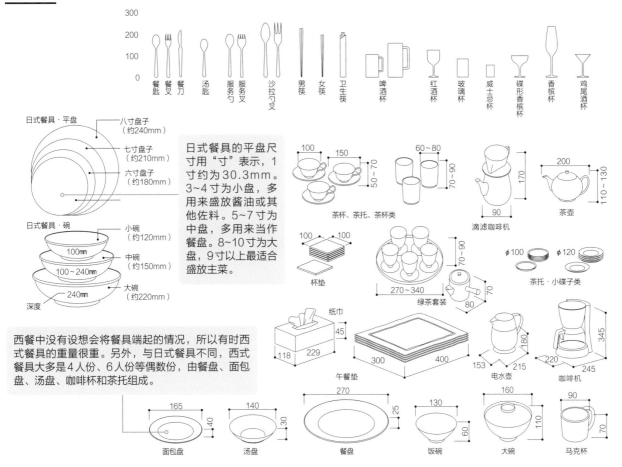

日式餐具的平盘尺寸用"寸"表示，1寸约为30.3mm。3~4寸为小盘，多用来盛放酱油或其他佐料。5~7寸为中盘，多用来当作餐盘。8~10寸为大盘，9寸以上最适合盛放主菜。

西餐中没有设想会将餐具端起的情况，所以有时西式餐具的重量很重。另外，与日式餐具不同，西式餐具大多是4人份、6人份等偶数份，由餐盘、面包盘、汤盘、咖啡杯和茶托组成。

餐厅里的家具

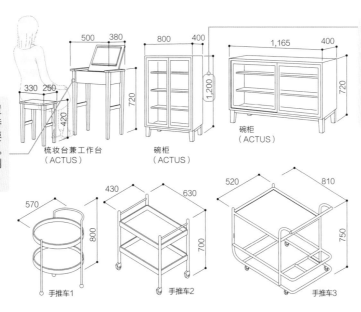

有的小户型会在餐厅里设置梳妆台兼工作台，可以保持餐桌整洁。坐着使用时，要确保台面高度达到720mm。站着使用时，台面高度达到1000mm会更加方便。

在餐厅摆放橱柜（碗柜）时，建议摆放低于胸部、高700~1200mm的橱柜。如果在上方摆放镜子，则能反射灯光和自然光，让空间变得明亮，房间也显得更加宽敞。

优先考虑电视机和沙发

如果将LDK当作一个整体，确定厨房、餐厅的面积后，剩下的部分就是客厅。厨房、餐厅等所需的面积在一定程度上是固定的，因此如果住宅面积狭小，那么客厅往往也十分狭小，而我们要做到在狭小的空间里打造舒适的居住环境。

7m²左右的面积就能容纳电视和沙发

客厅、餐厅、厨房的用途各不相同，所以不用刻意设计成一个整体，让它们各尽其用，或者设置隔断来划分区域。有的人在客厅里看到厨房就会感到不安，所以要事先和居住者商量。D

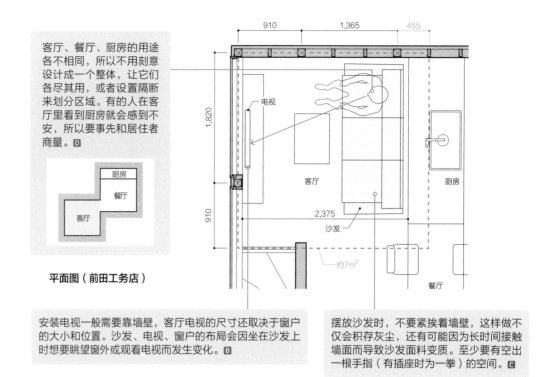

平面图（前田工务店）

安装电视一般需要靠墙壁，客厅电视的尺寸还取决于窗户的大小和位置。沙发、电视、窗户的布局会因坐在沙发上时想要眺望窗外或观看电视而发生变化。B

摆放沙发时，不要紧挨着墙壁，这样做不仅会积存灰尘，还有可能因为长时间接触墙面而导致沙发面料变质。至少要有空出一根手指（有插座时为一拳）的空间。C

客厅的天花板高约2300mm

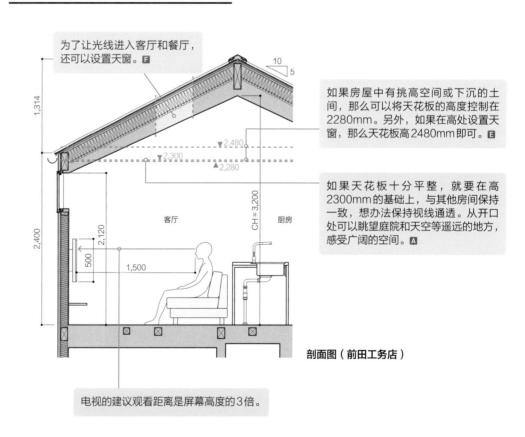

剖面图（前田工务店）

为了让光线进入客厅和餐厅，还可以设置天窗。F

如果房屋中有挑高空间或下沉的土间，那可以将天花板的高度控制在2280mm。另外，如果在高处设置天窗，那么天花板高2480mm即可。E

如果天花板十分平整，就要在高2300mm的基础上，与其他房间保持一致，想办法保持视线通透。从开口处可以眺望庭院和天空等遥远的地方，感受广阔的空间。A

电视的建议观看距离是屏幕高度的3倍。

解说　A Ando工作室、B广部刚司建筑研究所、C Arflex、D 山崎壮一建筑设计事务所、E 前田工务店、F Moruzuzu建筑公司

电视的建议观看距离是屏幕高度的3倍

客厅的面积由沙发与电视的关系（观看距离）决定。电视的建议观看距离为屏幕高度的3倍。近年来，电视的尺寸也增加到46in和49in，越来越大。超过60in则属于大型电视，要注意搬入的路径。安装带有外置扬声器的电视时还要注意宽度。

电视的观看距离

看电视的时候，夕阳时分会觉得太过耀眼，看不清画面，可以设置拉门遮挡。A

电视柜和墙壁之间可以间隔600mm，作为放置观叶植物和落地灯的空间。B

在考虑平衡性的基础上布置绘画和花卉等装饰，电视柜的宽度应为电视宽度+左右各100~200mm。B

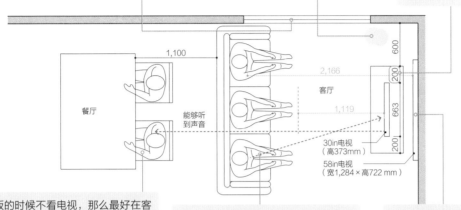

如果吃饭的时候不看电视，那么最好在客厅或餐厅安装电视。安装电视的位置最好能够让在厨房准备饭菜的人听到新闻等电视节目的声音。C

电视可以安装在沙发对面，避开面向南方和西方的开口处等有阳光直射的位置。A

为了隐藏壁挂电视的接线，可以在墙壁内设置CD管进行接线，或者将配线收纳在后方（后侧的房间）。A

电视的尺寸

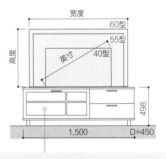

电视柜材料的颜色最好与地板一致。如果房间里没有其他显眼的家具，则可以选择与地板材料、颜色不同的电视柜。选择玻璃门的业主比木质门的更多。如果电视柜的门由玻璃制成，那么即使关着门，红外线也能穿过，不影响遥控操作，外观也更加简单。B

屏幕尺寸和建议观看距离 [1]

屏幕大小（对角线）		高度 / mm*	宽度 / mm*	推荐观看距离 / mm	画质
/in	/mm				
32	812	398	708	1,194	仅全高清（约200万像素）
37	939	461	819	1,383	
40	1,016	498	885	1,494	大于40in的4K（约800万像素）
43	1,092	535	952	1,605	
45	1,143	560	996	1,680	
48	1,219	598	1,062	1,794	
49	1,244	610	1,085	1,830	
50	1,270	623	1,107	1,869	
55	1,397	685	1,217	2,055	55in以上有4K有机EL
58	1,473	722	1,284	2,166	
60	1,524	747	1,328	2,241	
65	1,651	809	1,439	2,427	
70	1,778	872	1,549	2,616	
75	1,905	934	1,660	2,802	
80	2,032	996	1,771	2,988	

＊小数点后省略；高度和宽度比为9：16。

无论全高清还是4K电视，推荐的观看距离基本上都是电视屏幕高度的3倍。但是，据报道最新的4K电视的最佳观看距离缩短至画面高度的1.5倍。尽管如此，近距离观看电视容易使眼睛疲劳，所以还是应该保持足够远的距离。D

不同的电视类型

SONY/BRAVIA系列	松下/VIERA系列	东芝/REGZA系列
Soundbar两侧的角度与支架的角度相互匹配，使得Soundbar机身设计非常整洁，可以收纳在支架内。尺寸为24~85in	拥有识别细微的色彩差异、完美再现低亮度色彩的功能，加上背光控制引擎的对比度修正，呈现出张弛有度的影像。尺寸为19~77in	视角[2]很宽，放置场所的自由度也很高。因其轻薄的构造和设计性深受人们喜爱。尺寸为19~65in

解说　A前田工务店、B ACTUS、C 3110ARCHITECTS 一级建筑师事务所、D biccamera

[1] 以自发光形式显示影像。由于不需要等离子电视等发光材料的放电空间，也不需要液晶电视的背光，所以屏幕非常薄。
[2] 斜着观看显示器时，可以正常观看到屏幕的角度指标。

沙发布局取决于人们在客厅的生活方式

沙发的形状、材料、大小会影响舒适度和便利性。此外，如果客厅面积超过30m²，就可以放置较大的沙发（宽2100mm×深900~1600mm×高800mm左右）。现在的客厅不再是"大家看同一台电视"，而是"一家人各有所爱"，因此要注意沙发的布局。

沙发的尺寸

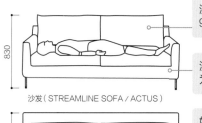

830

沙发（STREAMLINE SOFA / ACTUS）

沙发的主流尺寸为宽1900mm×深900mm×高800mm。🅐

沙发的大小随着住宅面积改变，多为2~2.5人宽。🅒

910

1,900

如果是宽度超过2000mm，可以躺在上边睡觉的沙发，搬运时就需要注意公寓电梯等问题。另外，扫地机器人（高度超过100mm）能否进入沙发下方也是重点问题之一。🅐

选择沙发时，请确认居住者平时的坐姿、起身、坐下时是否存在不协调等问题。坐姿高度（座面的高度）较高，座面较浅的沙发便于起身和坐下，更适合喜欢端坐的人。低矮深陷的座面更接近睡姿，适合喜欢休闲坐姿的人。🅑

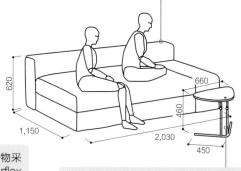

620
660
460
1,150
2,030
450

2,400
2,030
1,150
1,700

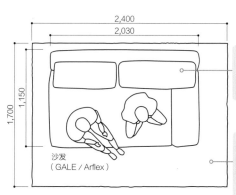

沙发
（GALE / Arflex）

坐面柔软的"GALE"。填充物采用高级的羽毛和羽绒，属于Arflex品牌中特别柔软舒适的沙发。🅑

在客厅摆放桌子会很碍事，所以人们对桌子的需求越来越低，多数人考虑将摆放桌子的地方空出来供孩子们玩耍。近年来，许多人用边桌代替沙发的扶手，这种像是镶嵌在沙发上的边桌很受欢迎。🅐

地毯的大小与客厅的面积相匹配，尺寸由户型决定，公寓适合1400mm×2000mm，独户住宅适合1700mm×2400mm（铺在沙发下方）。🅐

沙发的布局

3,400

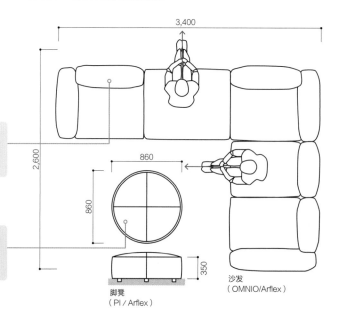

"OMNIO"是布局自由的模块化（组合）沙发。1人1座，即使搬家或变更布局，也可以根据空间和便利性自由组合。🅑

2,600
860
860
350

脚凳不仅适合坐下休息时垫脚，也可以放置物品。"PI"脚凳不仅是沙发空间的重点，也是家人的茶几。🅑

脚凳
（PI / Arflex）

沙发
（OMNIO/Arflex）

解说　🅐ACTUS、🅑Arflex、🅒山崎壮一建筑设计事务所

要点 03

如何让狭窄的客厅变得更加宽敞

客厅生活多种多样。即使空间狭小，也能打造出温馨舒适的客厅，例如不安装电视，严格挑选必要的物品进行配置，或者定制家具。

▷ 合理使用小型客厅

▷ 定制家具以节省空间

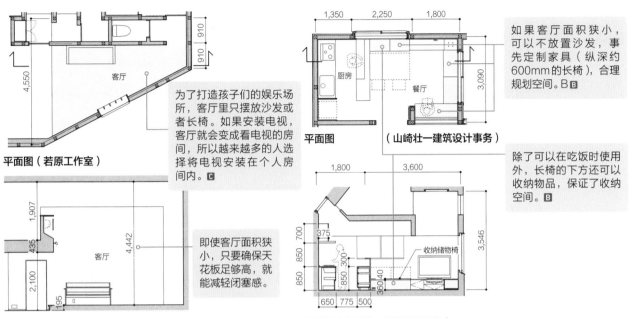

平面图（若原工作室）

剖面图（若原工作室）

为了打造孩子们的娱乐场所，客厅里只摆放沙发或者长椅。如果安装电视，客厅就会变成看电视的房间，所以越来越多的人选择将电视安装在个人房间内。**C**

即使客厅面积狭小，只要确保天花板足够高，就能减轻闭塞感。

平面图（山崎壮一建筑设计事务）

剖面图（山崎壮一建筑设计事务）

如果客厅面积狭小，可以不放置沙发，事先定制家具（纵深约600mm的长椅），合理规划空间。**B** **B**

除了可以在吃饭时使用外，长椅的下方还可以收纳物品，保证了收纳空间。**B**

要点 04

客厅物品的尺寸

除了沙发外，客厅内还可以放置观叶植物、落地架（阅读灯等）、绘画雕塑和陈列柜等艺术品，欣赏音乐用的音响设备等。我们需要掌握这类物品的尺寸和颜色，合理地进行规划。

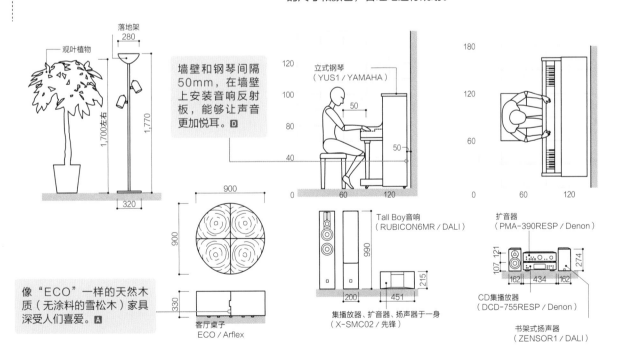

观叶植物

落地架

墙壁和钢琴间隔50mm，在墙壁上安装音响反射板，能够让声音更加悦耳。**D**

立式钢琴（YUS1 / YAMAHA）

客厅桌子 ECO / Arflex

像"ECO"一样的天然木质（无涂料的雪松木）家具深受人们喜爱。**A**

Tall Boy音响（RUBICON6MR / DALI）

集播放器、扩音器、扬声器于一身（X-SMC02 / 先锋）

扩音器（PMA-390RESP / Denon）

CD集播放器（DCD-755RESP / Denon）

书架式扬声器（ZENSOR1 / DALI）

解说 **A**Arflex、**B**山崎壮一建筑设计事务所、**C**若原工作室、**D**广部刚司建筑研究所

PART **2** 室内空间的基本尺寸 ／ 优先考虑电视机和沙发

控制2层开口处的高度，让视线向下

如果把客厅、餐厅安排在2层，心里就会觉得离院子远了。因此，可以控制家具和开口处的高度，好好利用倾斜的天花板，这样做可以缩短与外界的距离感。

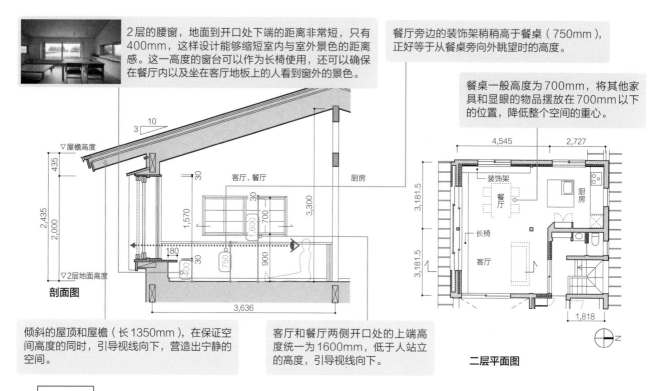

2层的腰窗，地面到开口处下端的距离非常短，只有400mm，这样设计能够缩短室内与室外景色的距离感。这一高度的窗台可以作为长椅使用，还可以确保在餐厅内以及坐在客厅地板上的人看到窗外的景色。

餐厅旁边的装饰架稍稍高于餐桌（750mm），正好等于从餐桌旁向外眺望时的高度。

餐桌一般高度为700mm，将其他家具和显眼的物品摆放在700mm以下的位置，降低整个空间的重心。

剖面图

二层平面图

倾斜的屋顶和屋檐（长1350mm），在保证空间高度的同时，引导视线向下，营造出宁静的空间。

客厅和餐厅两侧开口处的上端高度统一为1600mm，低于人站立的高度，引导视线向下。

通过倾斜的天花板和台阶有效调节高度差

有效利用倾斜的天花板，空间就会显得张弛有度。事先确定各部分的尺寸，来决定最高的部分和最低的部分的高度差。另外，在下面这个案例中，地面的高度差影响了整个空间的高度。

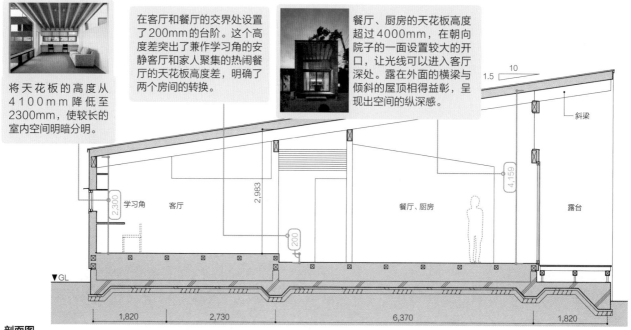

将天花板的高度从4100mm降低至2300mm，使较长的室内空间明暗分明。

在客厅和餐厅的交界处设置了200mm的台阶。这个高度差突出了兼作学习角的安静客厅和家人聚集的热闹餐厅的天花板高度差，明确了两个房间的转换。

餐厅、厨房的天花板高度超过4000mm，在朝向院子的一面设置较大的开口，让光线可以进入客厅深处。露在外面的横梁与倾斜的屋顶相得益彰，呈现出空间的纵深感。

剖面图

上"循环之家"　设计：日影良孝建筑画室　照片：日影良孝
下"枚方之家"　设计：井上久实设计室　照片：富田英次

要点 07

LDK的天花板高度取决于房间的面积

当无法确保LDK的平面面积时，为了营造平面的紧凑感，必须降低天花板的高度（2200mm左右）。但是，不能均匀地降低整个空间的天花板高度，而是要通过增加一部分高度（3000mm），打造倾斜的天花板。

面向中庭、阳台设置大开口。倒映在地板和墙壁上的光、影、绿色使空间产生了深度。通过控制其他墙面开口处的高度，能够让中庭、阳台方向的视线更加通透。

虽然LDK都在同一个空间内，但通过在厨房和餐厅上部设置多功能空间，控制天花板的高度，可将房间分隔为客厅和厨房、餐厅两个区域。每个区域的天花板装饰也会有所变化，让狭小的空间显得张弛有度。

如果不能确保LDK的面积，就利用倾斜的天花板和天井，以及平整的地面，让空间形成一个整体，呈现出开阔感。

2层平面图

剖面图

要点 08

在1层和2层间的楼梯井设置高度适中的餐厅

即使是为了打造开放空间而设置了天井，如果只是一味地突出高度，也很可能会杂乱不堪。如果设置1.5层高的天井，就能得到恰到好处的开放感。如果与1层的天花板相邻，就更加显得张弛有度。

天井上方的0.5层除了阳台和收纳间外，还可以当作书房使用。

天井能够拉近下层公共空间与上层卧室之间的距离。1.5层的天井与2层的天井相比，可以更好地保证上层卧室的私密性。

天井最好控制在4m以内，更高的高度反而会失去开阔感。另外，最好在周围同时设置高2400mm的空间。

如果在宽敞的空间中能布置一块处在阴影中的地方，宽阔感和明亮感就会更加突出。在距离地面1700mm以上、高于视线的位置设计开口，从上方采光，就能营造出开阔感和明亮感。

餐厅和客厅相比，视线相对变高，天花板也应更高。如果能够确保3000mm以上的高度，就能营造出开放感。

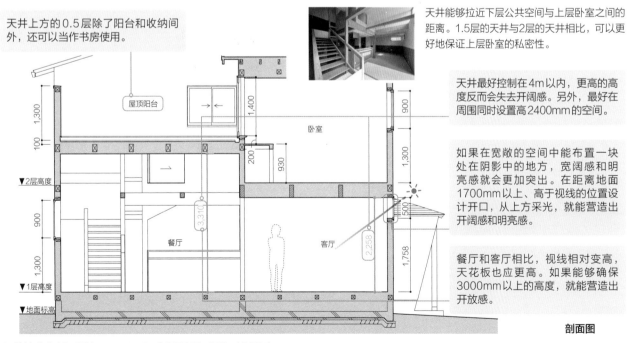

剖面图

上"村上先生家" 设计：Arts-Crafts建筑研究所 照片：杉浦传宗
下"给两只大型犬的斜坡屋" 设计：JYU ARCHITECT充综合计划一级建筑师事务所 照片：桧川泰治

不要家具，打造宽敞的下沉式客厅

下挖地面打造下沉式客厅，配合天井和开口处，即使平面面积狭小的空间也会显得十分宽敞。350~400mm 高的台阶可以当作凳子，不需要额外购置沙发等家具。

下沉式客厅的开口处高度为1600mm，与院子的地面高度一致。通过控制高度、保留墙壁等设计手法，可以将注意力转移到垂直方向。

办公桌的一边高于下沉式客厅的地面710mm，另一边高于厨房地面350mm。在下沉式客厅和厨房中都可以使用。

台阶和窗边的长凳高度统一为360mm，不仅方便坐下，下方也容易收纳物品。

厨房和餐厅的天花板高度控制在2252mm，与客厅和餐厅的窗框高度一致。在天花板上设置开口处，让室内外形成一个整体，打造聊天、吃饭的宁静空间。

1层平面图

剖开图

通过地面的台阶控制视线高度

通过改变天花板和地板的高度，可以柔缓地分隔客厅、餐厅等多种功能空间，打造出适合各部分功能的区域。地面高度张弛有度，空间就会产生层次感。

如果注重建筑的外观比例，那么天花板高度、层高越低越好。但是，如果强行降低天花板高度就会产生压迫感。特别是客厅、餐厅等主要空间相连时，最好确保天花板高2500~2600mm。

如果客厅远离主开口，就可以提高天花板高度（约3000mm），并设置一个天井，以从顶部获得采光。天窗不仅能有效换气，还能保证通风。

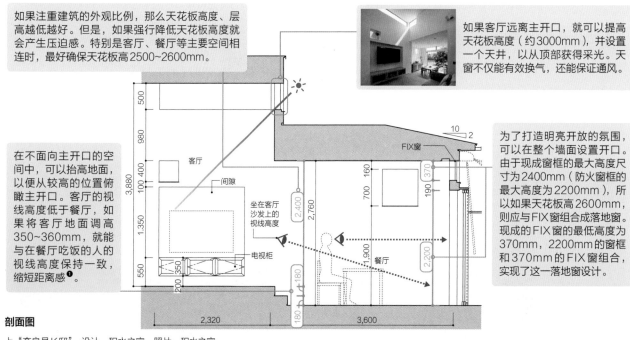

在不面向主开口的空间中，可以抬高地面，以便从较高的位置俯瞰主开口。客厅的视线高度低于餐厅，如果将客厅地面调高350~360mm，就能与在餐厅吃饭的人的视线高度保持一致，缩短距离感❶。

为了打造明亮开放的氛围，可以在整个墙面设置开口。由于现成窗框的最大高度尺寸为2400mm（防火窗框的最大高度为2200mm），所以如果天花板高2600mm，则应与FIX窗组合成落地窗。现成的FIX窗的最低高度为370mm，2200mm的窗框和370mm的FIX窗组合，实现了这一落地窗设计。

剖面图

上"奈良县K邸"　设计：积水之家　照片：积水之家
下"下高井之家"　设计：松本直子建筑设计事务所　照片：小川重雄

❶如果客厅高度低于餐厅，坐在餐厅的视线高度差会更大，所以高度差最好控制在200mm左右。

要点 **11**

利用地面高低差错开视线，
让视线更加通透

跃层式住宅能够制造视线的错位，即使处于同一空间，也能柔缓地进行分隔，每个空间的生活方式也会随之改变。分隔后的高度差大概小于成年人身高的一半。可以将视线最通透的场所作为最主要的生活空间。

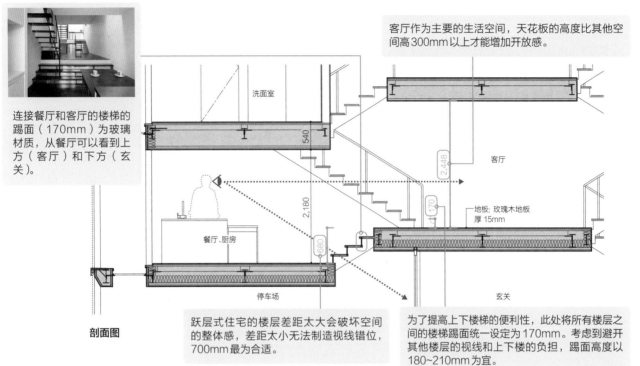

连接餐厅和客厅的楼梯的踢面（170mm）为玻璃材质，从餐厅可以看到上方（客厅）和下方（玄关）。

客厅作为主要的生活空间，天花板的高度比其他空间高300mm以上才能增加开放感。

地板：玫瑰木地板
厚15mm

剖面图

跃层式住宅的楼层差距太大会破坏空间的整体感，差距太小无法制造视线错位，700mm最为合适。

为了提高上下楼梯的便利性，此处将所有楼层之间的楼梯踢面统一设定为170mm。考虑到避开其他楼层的视线和上下楼的负担，踢面高度以180~210mm为宜。

要点 **12**

分隔空间时，最合适的
家具高度为1400mm

不依赖天花板和地板的高度，也可以用家具缓慢分隔空间。如果家具的高度为1400mm，则坐在椅子上看不到相邻的空间，而站起来却视线通透。

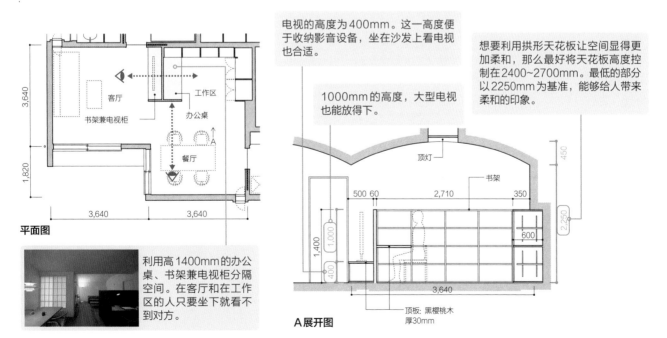

电视的高度为400mm。这一高度便于收纳影音设备，坐在沙发上看电视也合适。

1000mm的高度，大型电视也能放得下。

想要利用拱形天花板让空间显得更加柔和，那么最好将天花板高度控制在2400~2700mm。最低的部分以2250mm为基准，能够给人带来柔和的印象。

顶灯

书架

顶板：黑樱桃木
厚30mm

A展开图

平面图

利用高1400mm的办公桌、书架兼电视柜分隔空间。在客厅和在工作区的人只要坐下就看不到对方。

上"南田边之家" 设计：藤原·室建筑设计事务所 照片：矢野纪行
下"陶艺家之家" 设计：小野建筑设计事务所 照片：小野喜规

榻榻米房间要低矮沉稳

对于榻榻米房间，基本姿势是席地而坐，所以视线的高度必然会降低。与其他空间相比，相应地降低天花板的高度、开口部、门窗隔扇的把手，就能让房间变得更加舒适、安心。另外，榻榻米房间中阴影也很重要，要在照明的位置和垂壁的高度上多下功夫，避免天花板周围过于明亮。

榻榻米房间的门窗隔扇高度小于1800mm

【标准】拉门、隔扇等的高度为1800mm~1900mm。降低门窗隔扇的高度，在上部设置垂壁和栏杆，就能打造出拥有包围感的舒适空间。A

【标准】利用壁龛等将空调收进墙内，打造优美的空间。A

【标准】天花板的高度为2100mm~2250mm。如果将照明器具安装在天花板上就会显得十分凌乱，所以最好设置在墙边，或者用间接照明来制造阴影。B

吊顶边框
门楣
挂轴
门楣
壁龛
榻榻米
床柱
装饰门楣
把手（茶室）
拉门、隔扇下半部分糊的纸或布

【矮】过去的住宅门窗高度略低，为1730~1760mm。A

【标准】如果垂壁和壁龛的高度小于300mm，就会显得美中不足。A

【标准】壁龛上方的横木基本都会高于长押（译者注：长押是指一种特殊的墙面搁板，用来摆设或挂置物品，主要是用在日式房屋两根木柱子中间的横板，边缘做了梯形处理）。在一般的榻榻米房间中，最好要高于门窗隔扇的门楣、装饰门楣和开口部的上框。A

门窗开口处也很低

▷ 拉门的基本高度

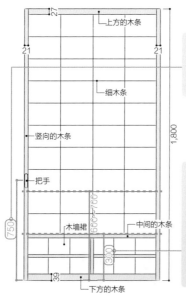

上方的木条
细木条
竖向的木条
把手
木墙裙
中间的木条
下方的木条

为了方便以较低的姿势使用，将榻榻米房间的门窗隔扇的把手高度设定为750mm。A

【标准】如果想打造高品质榻榻米房间，最好在拉门上安装木墙裙。传统的木墙裙高度为600~700mm，但现代的一般高度为300mm。相反，如果更注重休闲氛围而不是格调，则可以省略。A

▷ 利用高度1200mm的开口降低视线

【标准】面向庭院的榻榻米房间的开口部，最好让视线朝下看，这样会显得十分安逸。即使把高度降低到1200mm，也不会觉得狭窄。C

【低】茶室等的入口更低，高度约为700mm。D

解说 A松本直子建筑设计事务所、B SUWA制作所、C井上久实设计室、D JYU ARCHITECT充综合计划一级建筑师事务所

打造350mm高的榻榻米空间

近年来，越来越多的人为了更加悠闲舒适的生活而放弃习以为常的客厅，在家中铺设榻榻米。在餐厅旁边设置小台阶，就能在大空间中打造出一个榻榻米客厅。考虑到居住者的视线等因素，需要在台阶的高度上多费心思。

以3叠大小计算躺下时的空间

使用正方形的琉球榻榻米比较容易布局。目前市面上的琉球榻榻米的尺寸划分十分详细，有820mm×820mm、850mm×850mm、880mm×880mm等。

兼顾接待访客的情况下，为了能铺开被子，可以在4.5叠的基础上增加壁橱和壁龛。B

有孩子的家庭往往更希望在榻榻米房间里生活，所以榻榻米客厅很受欢迎。A

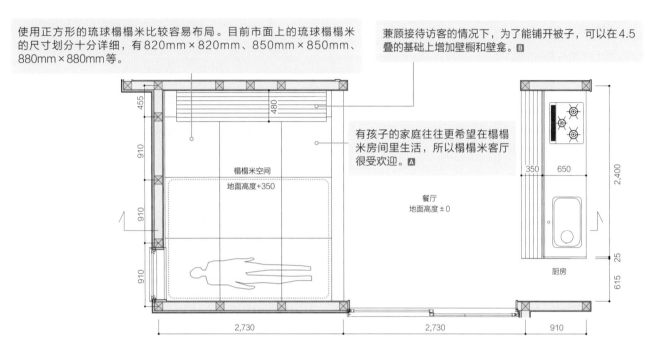

平面图（Asunaro建筑工房）

利用小台阶调整天花板高度

【标准】将榻榻米空间的小台阶下方作为收纳空间。350mm的高度能够放入市面上销售的收纳箱。

榻榻米空间多与厨房、餐厅形成一个整体。通过家具的布局和天花板高度平缓地分隔各个区域。C

【标准】如果在榻榻米空间设置齐梁高的垂壁，以及350mm的台阶（下方用作收纳），即使是厨房+餐厅+榻榻米空间（客厅）都在一个房间，也能完成各个空间的转换。铺上坐垫就能达到餐椅的高度。A

如果空间充裕，就可以在客厅内摆放沙发或电视，同时设置小台阶，打造榻榻米空间（约3叠，高300~400mm），但如果空间狭小，就不必两者兼有。C

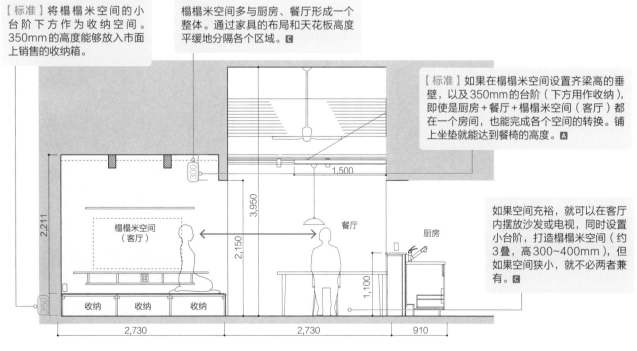

剖面图（Asunaro建筑工房）

解说　A Asunaro建筑工房、B 3110ARCHITECTS一级建筑师事务所、C 设计生活设计室

根据不同活动
打造魅力空间

榻榻米空间的大小由用途决定。除放松、休闲等主要用途外，还可以培养个人兴趣，如利用茶几享用料理、学习花道、茶道等，或叠放衣服、给婴儿换尿布等。掌握这些动作的尺寸，就能确定合适的宽度。

榻榻米的规格尺寸和组合方法

以榻榻米的尺寸为基准，推算出柱子的尺寸，在外侧设置柱子，确定柱间的尺寸的方法称为榻榻米分割法。另外，农村通常利用房间布局确定柱间尺寸，再通过这个尺寸推算出榻榻米的尺寸。

坐在地上时，不同坐姿的脚部动作和视线高度也不同。使用无腿座椅和坐垫时的姿势也会发生变化。

以放松的姿势坐在地板上的动作尺寸

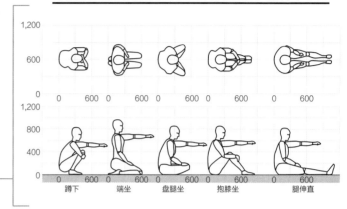

在榻榻米上躺着休息时的姿势也值得注意，如看电视、向外眺望、和家人聊天、看书等，根据动作场所的不同，姿势也会发生变化。

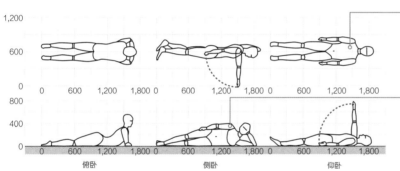

为了方便睡觉前操作开关，最好将开关设置在距地面200~400mm的位置。但是，如果采用壁挂式开关，操作时的姿势会受到限制，所以最好使用遥控式开关。

坐在桌子前的动作尺寸和无腿座椅、桌子、坐垫的尺寸

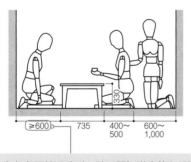

坐在桌子前活动时，除了要知道坐垫和无腿坐椅等的尺寸外，还要知道坐下后的动作尺寸，以及从后方上菜等动作的尺寸。

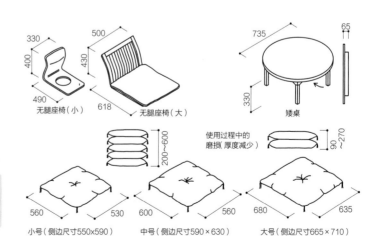

要点 03

壁橱的尺寸由取放被褥所需的空间决定

如果在卧室里摆放床，那么这部分空间就只能用来睡觉。反之，收起被褥后，房间就可以用作睡觉以外的用途。壁橱尺寸由存放的被褥决定。

壁橱和被褥收纳的关系

在榻榻米房间增加4.5叠就可以收纳被褥，方便两个人安稳地睡觉。存放被褥的壁橱宽度约为1050mm。 **A**

要掌握壁橱尺寸，如能容纳几套被褥，除被褥外还能容纳什么（理想尺寸是进深750~800mm，宽1000~1200mm，平开门）。 **B**

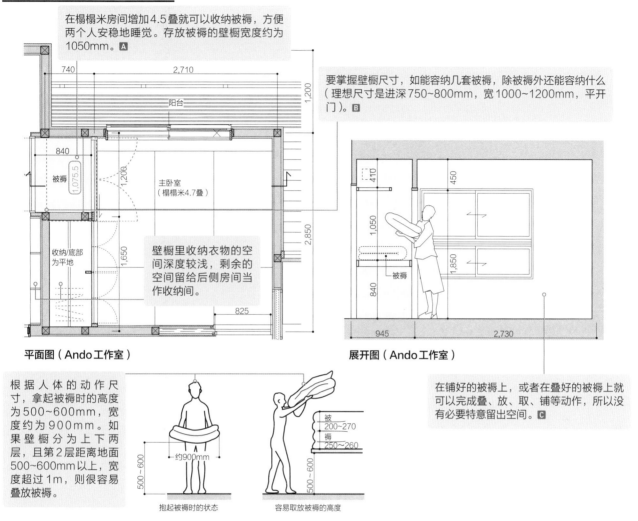

平面图（Ando工作室）

壁橱里收纳衣物的空间深度较浅，剩余的空间留给后侧房间当作收纳间。

展开图（Ando工作室）

根据人体的动作尺寸，拿起被褥时的高度为500~600mm，宽度约为900mm。如果壁橱分为上下两层，且第2层距离地面500~600mm以上，宽度超过1m，则很容易叠放被褥。

抱起被褥时的状态

容易取放被褥的高度

在铺好的被褥上，或者在叠好的被褥上就可以完成叠、放、取、铺等动作，所以没有必要特意留出空间。 **C**

被褥类和被褥用品的收纳尺寸

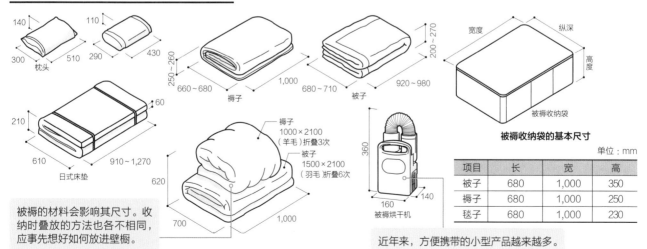

被褥的材料会影响其尺寸。收纳时叠放的方法也各不相同，应事先想好如何放进壁橱。

被褥收纳袋的基本尺寸

单位：mm

项目	长	宽	高
被子	680	1,000	350
褥子	680	1,000	250
毯子	680	1,000	230

近年来，方便携带的小型产品越来越多。

解说 **A** Ando工作室、**B** Riota设计、**C** 设计生活设计室

榻榻米房间需要的茶道、空调、暖炉

人们经常为了满足自己的兴趣爱好而布置榻榻米空间，如享受茶道等，但无论如何布置，都要与室内设计相互匹配，所以必须掌握相应的尺寸。

茶道的基本尺寸

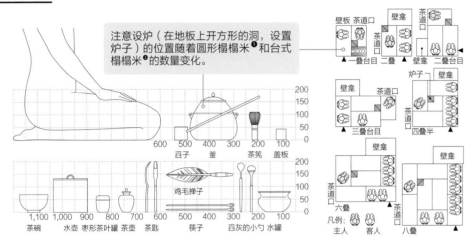

注意设炉（在地板上开方形的洞，设置炉子）的位置随着圆形榻榻米❶和台式榻榻米❷的数量变化。

釜　茶筅　盖板

舀子

茶碗　水壶　枣形茶叶罐　茶壶　茶匙　筷子　舀灰的小勺　水罐

鸡毛掸子

壁板 茶道口　壁龛　茶道口
茶道口
壁龛
一叠台目　二叠　壁龛　二叠台目

壁龛　炉子　壁龛
壁龛　茶道口
茶道口
三叠台目　四叠半

壁龛　壁龛
茶道口　茶道口
六叠　八叠

凡例：主人　客人

冷暖设备（空调、被炉）

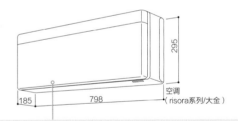

空调
（risora系列/大金）

虽然有的空调产品可以用百叶窗等掩盖，但价格昂贵。与其如此，不如尽量选择没有凹凸的简约设计。此外，上述机型左右各需要50mm的空隙，上方需要30mm的空隙。电源线和软管的位置因产品而异，请事先确认。Ⓐ

面板打开的尺寸360
（包括安装板）

工作时　225
（包括安装板）

40

104
165
240

运行risora系列/大金
时所需的尺寸

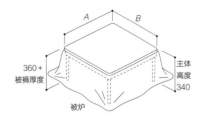

360+
被褥厚度

主体高度
340

被炉

被炉基本尺寸示例

单位：mm

被炉主体	面板（A×B）
550×550	600×600
700×700	750×750
880×880*	900×900

* 也有尺寸为860×860或870×870的款式。

解说　Ⓐbiccamera

❶ 圆形榻榻米是指1叠大小的榻榻米，是用于台目叠和半叠的词汇。
❷ 台目叠是茶室榻榻米的一种，长度约为普通榻榻米的3/4。例如，放置茶具的台子宽一尺四寸，屏风厚一寸，从长六尺三寸的圆形榻榻米中除去这些面积，剩余的部分长四尺八寸（约1454.5mm）。

要点 05

如何平整地铺设榻榻米和木地板

一般地板的厚度为15mm左右，而榻榻米的厚度为60mm左右。因此，为了将铺有榻榻米的区域和铺设木地板的空间平整地连接在一起，必须在地板下的填充物上多费工夫，消除厚度差。顺便一提，有的薄榻榻米的厚度约为15mm，因此即使与木地板下方的结构相同，也可以将地板平整地连接在一起。

胶合板榻榻米和木地板连接

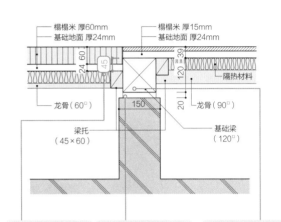

为了使地面保持平整，承受一层重量的龙骨和梁托的高度比木地板低45mm。

如果地板下方的梁托低于基础梁，则会影响通气。

如果直接在基础梁和龙骨上铺设胶合板，120mm的方形基础梁就能吸收榻榻米的厚度（60mm）。

1层地面详细剖面图

托梁榻榻米和木地板连接

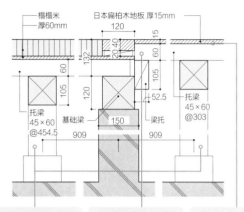

在基础梁和龙骨上方的托梁上铺设木板，木地板一侧的基础梁和龙骨的高度与榻榻米的高度一致。

此处直接将木地板铺在托梁上，但一般要考虑铺设在托梁上的木板的厚度。

直接在托梁上铺木地板时，要用303mm的石膏板仔细填入托梁，让木地板更加平稳。

1层地面详细剖面图

要点 06

高低差不能超过400mm

如果将以坐在地板上为基本姿势的榻榻米设置在其他空间的角落，则可以稍稍抬高地面，缩短榻榻米空间里的人和旁边空间里的人的视线高度差。地面抬高的高度由房间的用途和使用频度（移动频度）决定，但最好不要超过400mm。400mm的高低差会妨碍人们行动。

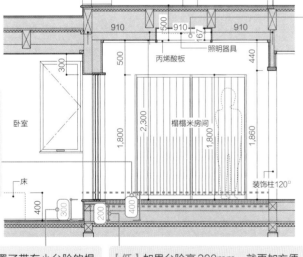

【高】在台阶处设置抽屉，将榻榻米房间的地板下方用于收纳，则高度需超过350mm，这一高度的台阶也可以当作长椅使用。

剖面图

【标准】卧室旁边设置了带有小台阶的榻榻米房间，作为育儿空间和孩子的卧室，高度差为300mm，与床的高度接近。

【低】如果台阶高200mm，就更加方便在榻榻米房间和相邻的空间之间移动，想要频繁使用时可以作为参考。

【标准】从设计的角度来看，不能直接在榻榻米房间的天花板上安装顶灯。此处在折叠天花板内部安装了照明，用和纸风格的丙烯酸板隐藏了照明器具。

设置壁橱（照片左侧下方）。壁橱下面的空间高度正好为500mm。500mm的高度适合放置一些笨重的坐垫和行李，十分方便。

上左 解说：松本直子建筑设计事务所｜上右"循环之家" 设计：日影良孝建筑工作室
下"朝庭的住宅" 设计：松本直子建筑设计事务所 照片：小川重雄

考虑到成本和功能性，越来越多的人选择整体浴室（unit bath，以下称为UB）。设计时必须掌握安装成品所需的尺寸。另外，还需要从居住者的生活和家庭构成等方面考虑合适的尺寸。

常规UB1616尺寸 ❶

在选择UB时，人们往往将清洁性放在第一位，成本、耐用性、功能性也在考虑范围之内。由于面积只需3m²，所以规格多为UB1616、1216。🅐

考虑到居住者的要求和成本，最终选择UB。常见的UB尺寸为UB1418或1616。🅑

如果不能确保天花板上方的空间，那么天花板的表面就会与斜撑互相干扰，这种情况下要考虑直接安装在UB的墙壁上。🅓

确定UB可以容纳的层高。特别是在二楼安装时要注意不能与房梁互相干扰。🅔

注意UB的搬入路径。另外，应在铺设墙壁前搬入，以确保墙壁和UB不会被擦伤。

最好先与居住者一起去产品展厅，亲身体验后再做选择。🅒

一开始就确定主体结构和UB主体之间所需的空隙。

平面图
（若原工作室）

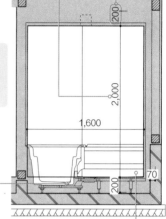

浴缸低于地面。在二层安装UB时要注意管道。

整体卫浴的优点是漏水风险小。特别是将浴室设置在二层或三层时，可以安装UB，以区别使用。🅕

剖面图（若原工作室）

适合老年人的UB1216尺寸

老年人更适合UB1216尺寸，方便接触墙壁，抓取扶手。🅖

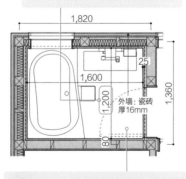

外墙：瓷砖 厚16mm

如果觉得UB1216面积狭窄，而1616又超出成本，那么建议使用1316（必要的安装尺寸为宽1370mm×深1670mm×高2780mm。柱心距离：宽1517mm×深1820mm）。🅗

平面图（前田工务店）

广泛使用的UB1717尺寸

UB1717看上去十分宽敞，但如果柱子中心间的距离为1820mm，那么内侧的距离就只有1715mm，安装UB（1700mm）后，就只剩下15mm❷。🅖

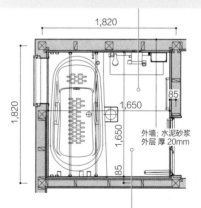

外墙：水泥砂浆 外层 厚20mm

如果想要浴室内的空间大些，那么可以选择UB1620。最好让居住者亲自体验。更大的尺寸只会增加淋浴空间，不会增加浴缸的面积。🅓

平面图（前田工务店）

解说　🅐若原工作室、🅑Ando工作室、🅒3110ARCHITECTS一级建筑师事务所、🅓Asunaro建筑工房、🅔木木设计室、🅕NL设计室、🅖前田工务店、🅗Akimichi Design

❶采用防火结构时，外墙内侧必须填充厚度为9.5mm的石膏板或厚度为75mm以上的玻璃棉（或防火岩棉），并铺设厚度超过4mm的胶合板。此处在外墙上涂抹了20mm厚的水泥沙浆。
❷日本的UB有许多规格，均以数字命名，如UB1216，就是指内部有效尺寸为宽1200mm×深1600mm。

要点 01

半整体卫浴要注意防水

半整体卫浴的魅力在于可以自由更改天花板和墙壁，而且拥有整体卫浴的防水性。但是，尺寸和设计有限，而且不同场合下的成本往往还会增加。卫浴产品周边和卫生间腰部以上部分必须做防水处理。

PART
2
室内空间的基本尺寸 / 浴室面积以整体卫浴为基准

半整体卫浴的尺寸

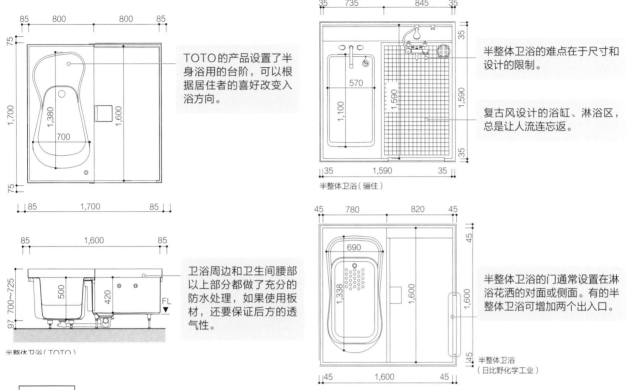

TOTO的产品设置了半身浴用的台阶，可以根据居住者的喜好改变入浴方向。

半整体卫浴的难点在于尺寸和设计的限制。

复古风设计的浴缸、淋浴区，总是让人流连忘返。

卫浴周边和卫生间腰部以上部分都做了充分的防水处理，如果使用板材，还要保证后方的透气性。

半整体卫浴（骊住）

半整体卫浴的门通常设置在淋浴花洒的对面或侧面。有的半整体卫浴可增加两个出入口。

半整体卫浴（TOTO）

半整体卫浴（日比野化学工业）

要点 02

整体卫浴的尺寸标准

面积相同的整体卫浴也有多种规格。即使规格相同，安装在独户住宅和公寓中的卫浴尺寸也存在细微差别。这里介绍的是独户住宅的卫浴尺寸。另外，不同规格的整体卫浴尺寸也不同，其内侧尺寸差距可达到+（50~100）mm，安装时请务必掌握好尺寸。

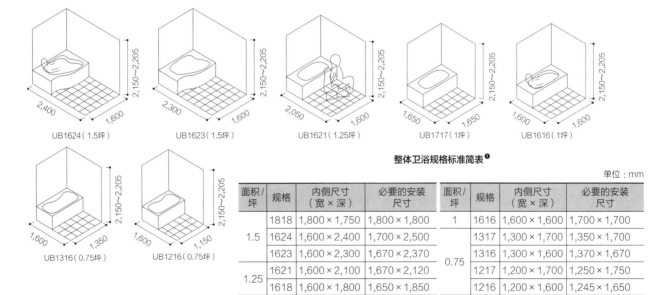

UB1624（1.5坪）　UB1623（1.5坪）　UB1621（1.25坪）　UB1717（1坪）　UB1616（1坪）

UB1316（0.75坪）　UB1216（0.75坪）

整体卫浴规格标准简表❶

单位：mm

面积/坪	规格	内侧尺寸（宽×深）	必要的安装尺寸	面积/坪	规格	内侧尺寸（宽×深）	必要的安装尺寸
	1818	1,800×1,750	1,800×1,800	1	1616	1,600×1,600	1,700×1,700
1.5	1624	1,600×2,400	1,700×2,500		1317	1,300×1,700	1,350×1,700
	1623	1,600×2,300	1,670×2,370	0.75	1316	1,300×1,600	1,370×1,670
1.25	1621	1,600×2,100	1,670×2,120		1217	1,200×1,700	1,250×1,750
	1618	1,600×1,800	1,650×1,850		1216	1,200×1,600	1,245×1,650

❶内部尺寸及必要的安装尺寸，UB1623、1621、1316、1217参考松下"Oflora系列"，其他参考TOTO"Sazana系列"。详见各厂家设计资料目录。

家居设计布局与尺寸全书　063

传统浴室的内部尺寸标准为 1600 mm

以传统工艺制作的浴室，可以根据居住者的要求和使用方法，自由设计天花板高度、开口部的形状以及安装配置，但还是要注意防水处理、安全性，以及保养的便利性。

1600mm浴缸的注意事项

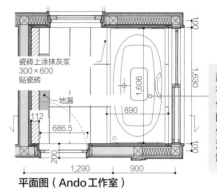

瓷砖上涂抹灰浆
300×600
贴瓷砖

地漏

平面图（Ando工作室）

越来越多的人希望拥有1600mm的浴缸，但身高矮的人在进出时脚碰不到地面，身体悬在半空。与日式浴缸相比，要注意浴缸的深浅。 A

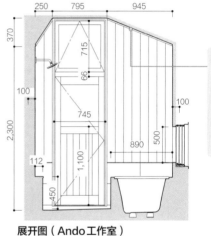

展开图（Ando工作室）

如果采用倾斜的天花板，那么最低处可能只有1900mm。在这种情况下，不能在天花板上安装换气扇，所以以要采用壁挂式换气扇。

传统浴缸的注意事项

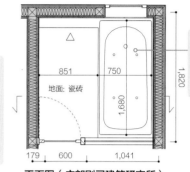

地面：瓷砖

平面图（广部刚司建筑研究所）

推荐使用保温性强的搪瓷浴缸。安装在二层时，必须能够承受浴缸+水+人的重量。

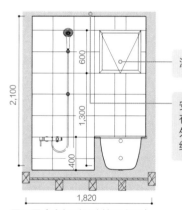

展开图（广部刚司建筑研究所）

注意窗外的视线。

安装烘干机时，应确保留有制造商的指定尺寸。此外，还要注意照明与布线、梁不能互相干扰。

确保900mm的淋浴区

掌握清洗身体时的基本尺寸。在设计时，最好能够了解居住者及其家人的体型和年龄，并掌握必要的尺寸。另外，近年来能够伸展双脚的浴缸很受人们欢迎。需要注意的是，如果面积过大，双脚无法靠近浴缸边缘，就会变得不安全。

洗澡时的动作尺寸

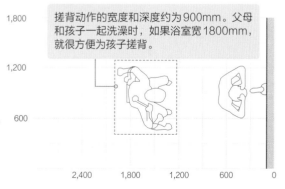

搓背动作的宽度和深度约为900mm。父母和孩子一起洗澡时，如果浴室宽1800mm，就很方便为孩子搓背。

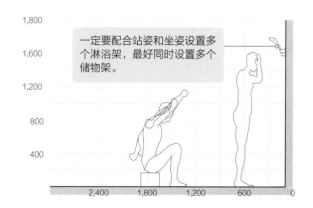

一定要配合站姿和坐姿设置多个淋浴架，最好同时设置多个储物架。

解说 A Ando工作室、B 广部刚司建筑研究所

安全的浴室扶手高度

近年来，在浴室里设置椅子和柜台的人越来越多，浴池的边缘高度越来越低，设计扶手时要考虑这些物体的高度。此外，还要注意合适的安装位置，以及各自的高度、形状。

浴室扶手安装处

⑤ 从浴缸内起身时使用的扶手。L形的扶手不仅能够帮助站立，也能够在起身后稳定身体。

④ 进出浴缸用的扶手。进出浴缸是一个会导致姿势不稳的危险动作，所以推荐大家安装，且不限于有老年人的家庭。

③ 在淋浴池中坐在椅子上或站起来时使用的扶手。如果条件允许，也可以与④的扶手兼用。

① 出入浴室用的扶手。在浴室和更衣室都安装扶手，能够保证进出的安全。

② 浴室内帮助步行的扶手。湿滑的位置也需要用扶手稳定身体。

不同场所的扶手安装位置和尺寸法

① 出入浴室的扶手是用来保持姿势的，不是用力扶着的，所以尽量设置在靠近出入口的地方，以免妨碍行动。如果扶手与门之间的距离超过100mm，就必须扭动身体才能抓住扶手。

扶手的下端距地板750mm。如果浴室和更衣室的地板存在高低差，则将地板较低一侧的扶手下端再降低100mm。

为了方便进出浴缸时使用，在浴缸边缘的中央延长线上设置扶手。

② 在浴室内移动时使用的扶手的基本高度为750mm~800mm。在跌倒的危险性较高的情况下，设置在800mm~900mm处，可以有效地保持姿势，在快要跌到的时候稳定身体。

关于浴室内的地板装修，不仅要考虑被水浸湿时的安全性，而且要考虑被肥皂水等湿滑液体浸湿时的防滑材料（十和田石、伊豆石等）。

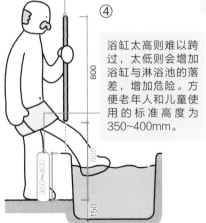

④ 浴缸太高则难以跨过，太低则会增加浴缸与淋浴池的落差，增加危险。方便老年人和儿童使用的标准高度为350~400mm。

③ 选择坐面距地面400mm的牢固椅子，更容易保持稳定的姿势。

在淋浴池设置扶手，以便从坐姿向前伸手，拉住扶手起身。注意扶手不能与放置浴桶的柜台和水龙头互相干扰。

在浴缸内起身时用的扶手上端距浴缸底部700~800mm，设置垂直扶手，便于用力。

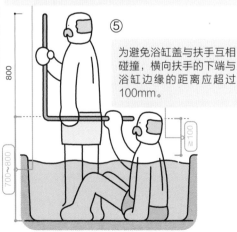

⑤ 为避免浴缸盖与扶手互相碰撞，横向扶手的下端与浴缸边缘的距离应超过100mm。

解说 布田健

准备防水性好的浴室用品

有效利用浴室的纵向收纳。在设计收纳高度时，询问居住者习惯站着洗头还是坐着洗头，能带给设计者很多提示。浴室用品不要直接放在地板上，要使用控水性好的架子或挂钩。这样一来，不仅能够充分利用淋浴池，还能防止水垢。很多家庭的夫妻或父母与孩子之间使用不同的洗发水，所以要准备足够的空间。壁挂式浴缸盖不仅便于收纳，而且方便控水。

浴室用品和水池的尺寸

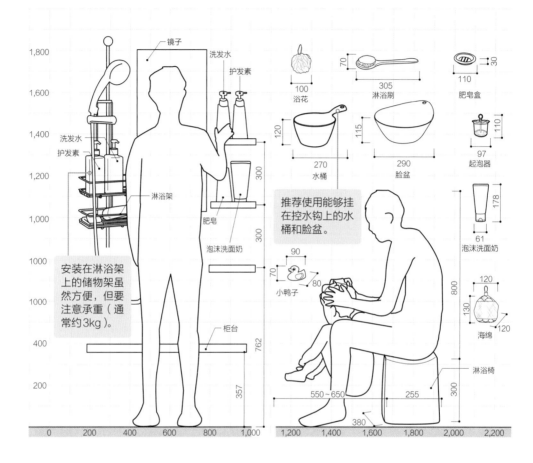

安装在淋浴架上的储物架虽然方便，但要注意承重（通常约3kg）。

推荐使用能够挂在控水钩上的水桶和脸盆。

洗发水、肥皂的尺寸

用双面胶和螺栓固定在墙壁上的给皂机，不仅防水，看上去也十分干净。

选择存放瓶子等物品的架子时要注意控水性和耐锈蚀性。

其他/浴室用品的尺寸

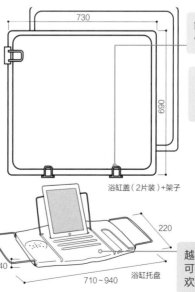

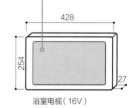

能够挂在墙上的壁挂式浴缸盖很受人们喜爱。可以用磁铁等进行改装。

与携带式与缸盖相比，壁挂式和嵌入式比便携式的信号更稳定，但天花板后侧等处需要布线。

越来越多的人在泡澡的时候上网，所以可以摆放平板电脑等的浴缸托盘，很受欢迎。

浴室中的其他设备尺寸

最近，很多人喜欢在自己的浴室中寻求酒店般的放松体验，比如尝试洗蒸汽浴、顶部淋浴，安装音乐设备和影像设备等。各厂家为满足这些要求准备了多种多样的设备。如果居住者对浴室有特殊要求，也可以考虑这些选项。

选装设备注意管道配线

在浴室内安装温水式浴室暖气烘干机时，需要在墙后留出足够的空间（150mm以上），保证暖气管道或供水管道通过。

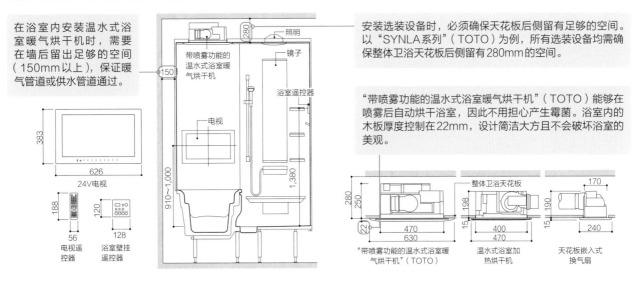

安装选装设备时，必须确保天花板后侧留有足够的空间。以"SYNLA系列"（TOTO）为例，所有选装设备均需确保整体卫浴天花板后侧留有280mm的空间。

"带喷雾功能的温水式浴室暖气烘干机"（TOTO）能够在喷雾后自动烘干浴室，因此不用担心产生霉菌。浴室内的木板厚度控制在22mm，设计简洁大方且不会破坏浴室的美观。

高度触手可及，收纳更方便

▷ **在水池上方设置架子**

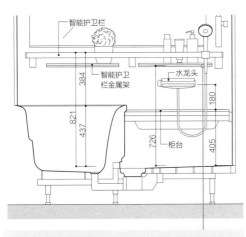

水龙头上安装有骊住"Arise系列"的智能护卫金属架，其安装高度在取放物品时不会给手臂和肩膀带来负担，且收纳空间大。

▷ **柜台周围收纳**

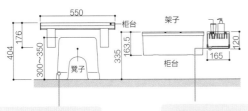

将浴凳收纳在柜台下方的空间内。

坐着就能拿到柜台旁边架子上的物品。

淋浴的使用方法随高度改变

有的整体卫浴可选配的天花板高度为2300mm，与顶部淋浴相得益彰。

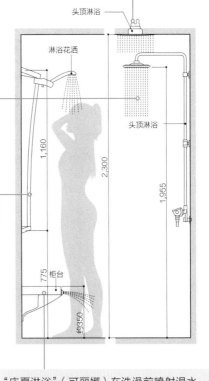

松下的长方形花洒简约时尚，能够从300mm×200mm的大花洒中均匀地喷出水花。

"Arise系列"（骊住）淋浴花洒。利用弓形的淋浴钩，使热水从头顶落下。

"床夏淋浴"（可丽娜）在洗澡前喷射温水，使浴室的地面温度在1min内上升到20℃。不仅舒适，还能有效防止热休克的风险。

保证放置洗漱台和洗衣机的空间

为了在洗漱间摆放洗漱台、洗衣机、收纳柜（收纳毛巾、桌布等），至少要确保1坪左右的空间。近年来，越来越多的人想要设置两个洗漱台，或是为了节省空间，将洗漱间与卫生间合并在一起。但是，在设计时最好从方便性的角度慎重考虑。

向后移动洗衣机，以确保通道宽度

向后拓宽洗衣机后方的墙壁，以确保通道宽度。此处的墙壁后方是卫生间，所以拓宽了375mm。A

后侧带有收纳空间的镜子会向前凸出。如果水龙头的位置过于靠内，洗脸时头就会碰到镜面。这种情况下可以使用内衬垫。A

设置视野良好的窗户和连接室外晾衣场地的开口部，就能获得宽敞的视觉效果。洗漱间或者附近有晾衣场地，动线也会变得方便快捷。A B C

【宽阔】摆放滚筒式洗衣机时，不要让洗衣机的门和其他部分互相干扰。门前应留下450mm左右的操作空间。A

在设计洗漱间的门时要考虑洗衣机的宽度。门的基本宽度为洗衣机的最大尺寸+15mm，但考虑到家庭成员的变化，可能会更换为更大尺寸的洗衣机。

平面图（akimichi设计）

注意水龙头和插座高度

尽量让照明光线正对人的面部。A

考虑到人在镜子前的动作、洗漱台下的脏衣筒、垃圾桶等的收纳场所，洗漱台的基本宽度应为900mm。A

洗漱间基本上与浴室相连。确保洗漱台、洗衣机、收纳柜的空间。考虑到毛巾折叠后的最小尺寸，应确保收纳柜的深度达到300mm。F G H

注意插座和水龙头的高度。水龙头的高度为洗衣机机身高度+100 mm，插座的高度为洗衣机机身高度+200 mm，这一高度可适用于大多数机型。

洗漱用品等大多收纳在镜子背面或侧面，但在取放时需要开关柜门，所以最好不要将使用频率高的物品收纳在镜子后侧。

考虑到洗漱间的面积，如果要放置洗衣机，那么至少要保证每边有1500~1800mm的空间（约1坪）。A D E

展开图（Akimichi Design）

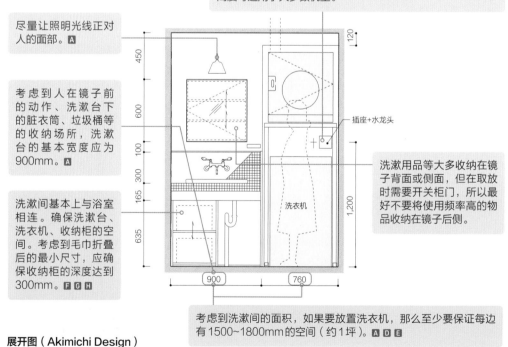

解说　A Akimichi Design、B NL设计室、C 广部刚司建筑研究所、D 山崎壮一建筑设计事务所、E 设计生活设计室、F 前田工务店、G Ando工作室、H 若原工作室

要点 01

考虑多个物品和其他用途

洗漱台的数量、用途等要能满足居住者的需求，如设置多个洗漱台或设置宠物专用的洗漱台等。如果能够掌握洗手的动作和水龙头的种类，就能设计出更好的方案。

洗漱台周围的动作·尺寸

洗漱台·水龙头的尺寸

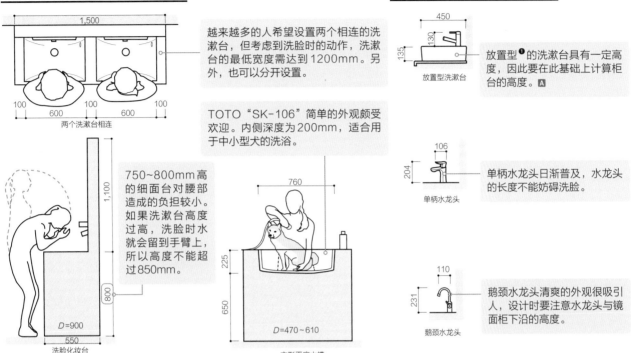

越来越多的人希望设置两个相连的洗漱台，但考虑到洗脸时的动作，洗漱台的最低宽度需达到1200mm。另外，也可以分开设置。

TOTO "SK-106"简单的外观颇受欢迎。内侧深度为200mm，适合用于中小型犬的洗浴。

750~800mm高的细面台对腰部造成的负担较小。如果洗漱台高度过高，洗脸时水就会留到手臂上，所以高度不能超过850mm。

两个洗漱台相连

洗脸化妆台

方形平底水槽

放置型❶的洗漱台具有一定高度，因此要在此基础上计算柜台的高度。🅰

单柄水龙头日渐普及，水龙头的长度不能妨碍洗脸。

鹅颈水龙头清爽的外观很吸引人，设计时要注意水龙头与镜面柜下沿的高度。

放置型洗漱台

单柄水龙头

鹅颈水龙头

要点 02

不要忘记小家电的收纳场所

剃须刀等洗漱用品在使用后需要清洗，所以最好设置晾晒空间。在使用家电产品时，如果有临时放置的空间就会更加方便。另外，不要忘记设置插座。

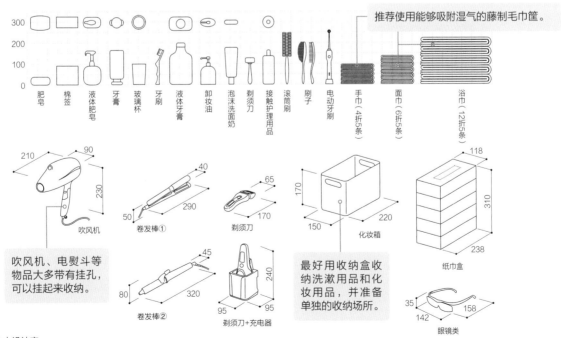

推荐使用能够吸附湿气的藤制毛巾筐。

肥皂　棉签　液体肥皂　牙膏　玻璃杯　牙刷　液体牙膏　卸妆油　泡沫洗面奶　剃须刀　接触护理用品　滚筒刷　刷子　电动牙刷　手巾（4折5条）　面巾（6折5条）　浴巾（12折5条）

吹风机

卷发棒①

剃须刀

化妆箱

纸巾盒

卷发棒②

剃须刀+充电器

眼镜类

吹风机、电熨斗等物品大多带有挂孔，可以挂起来收纳。

最好用收纳盒收纳洗漱用品和化妆用品，并准备单独的收纳场所。

解说　🅰木木设计室

❶放置在柜台上的洗漱台。另外，嵌入式洗漱台在中国被称为台上盆。

洗漱间设置在卫生间内，可以节省空间

如果将洗漱间和卫生间合并在一起，就能节省很多空间。在居住者希望设置多个卫生间时，可以采用这种设计方法。如果洗漱间和卫生间合并，就能兼顾通风和换气。设计时不要忘记洗漱间和卫生间各自的必要设施。

洗手间+卫生间+洗衣机=1.5坪

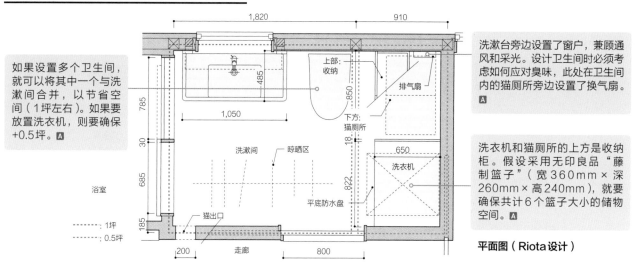

如果设置多个卫生间，就可以将其中一个与洗漱间合并，以节省空间（1坪左右）。如果要放置洗衣机，则要确保+0.5坪。🅐

洗漱台旁边设置了窗户，兼顾通风和采光。设计卫生间时必须考虑如何应对臭味，此处在卫生间内的猫厕所旁边设置了换气扇。🅐

洗衣机和猫厕所的上方是收纳柜。假设采用无印良品"藤制篮子"（宽360mm×深260mm×高240mm），就要确保共计6个篮子大小的储物空间。🅐

平面图（Riota设计）

利用卫生间上方的可移动吧台确保工作空间

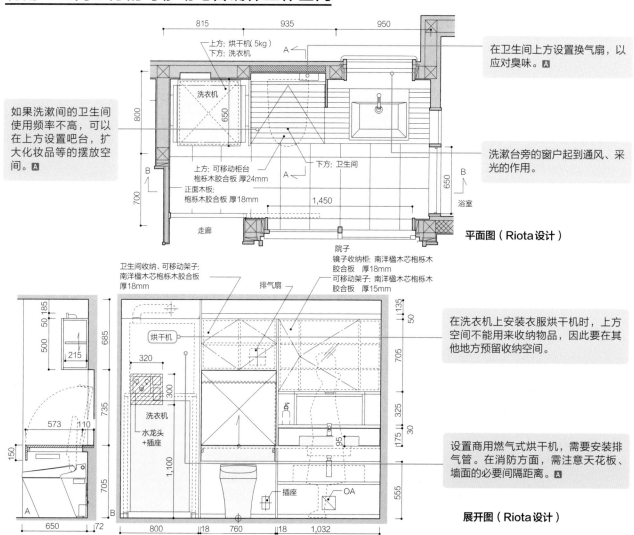

如果洗漱间的卫生间使用频率不高，可以在上方设置吧台，扩大化妆品等的摆放空间。🅐

在卫生间上方设置换气扇，以应对臭味。🅐

洗漱台旁的窗户起到通风、采光的作用。

平面图（Riota设计）

在洗衣机上安装衣服烘干机时，上方空间不能用来收纳物品，因此要在其他地方预留收纳空间。

设置商用燃气式烘干机，需要安装排气管。在消防方面，需注意天花板、墙面的必要间隔距离。🅐

展开图（Riota设计）

解说　🅐Riota设计

要点 04

注意洗衣机的给排水口和插座位置

滚筒式洗衣机的尺寸和重量都大于波轮式洗衣机，因此要考虑搬入路径。水龙头应安装在洗衣机主体高度+100mm以上的位置，插座应安装在洗衣机主体高度+200mm以上的位置。洗漱台容易积存湿气，不宜使用金属等怕水的材料制作的篮子等物品。

滚筒式洗衣机

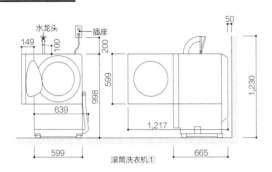

滚筒洗衣机①

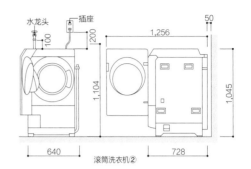

滚筒洗衣机②

波轮式洗衣机

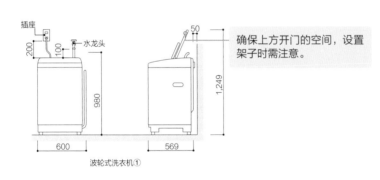

确保上方开门的空间，设置架子时需注意。

波轮式洗衣机①

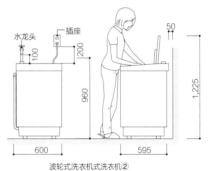

波轮式洗衣机式洗衣机②

防水底座/更衣室用品

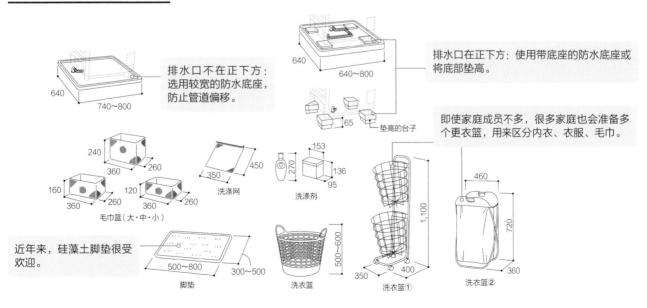

排水口不在正下方：选用较宽的防水底座，防止管道偏移。

排水口在正下方：使用带底座的防水底座或将底部垫高。

垫高的台子

即使家庭成员不多，很多家庭也会准备多个更衣篮，用来区分内衣、衣服、毛巾。

毛巾篮（大·中·小）

洗涤网

洗涤剂

近年来，硅藻土脚垫很受欢迎。

脚垫

洗衣篮

洗衣篮①

洗衣篮②

马桶间的面积可小于1叠，经常设置在楼梯下方

马桶间是极其私密的空间，同时也是家人共用的场所。在考虑面积和规划的同时，还要选择合适尺寸的马桶、洗漱台。另外，马桶间里常常备有卫生纸和生理用品，所以要考虑取放的便利性。

方便进出的楼梯下马桶间

占地面积不到1叠。尽量只设计一处马桶间，因此，为了方便从各个房间进入，马桶间设置在楼梯附近，即使只有一个马桶间，也不会带来不便。A

虽然在设置马桶间时要考虑面积和规划，但对于二层建筑要考虑半夜如厕的情况，所以要将马桶间设置在有卧室的楼层。如果家中访客较多，就可以考虑在客厅附近公共区域再设置一个马桶间。C

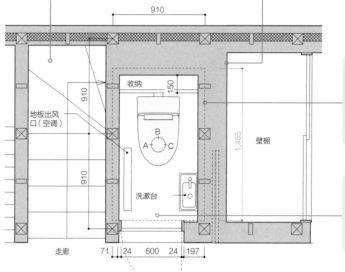

【宽敞】大多数人选择将马桶间设置在楼梯下方，空间面积为910mm×1455mm。如果是两层建筑，可以在每层设置一个马桶间，选择使用方便、水声不会带来影响的位置。B

很多居住者想在马桶间安装能够直接换气的窗户，但如果马桶间设置在楼梯下，就会很难平衡收纳和窗户的位置关系，给安装带来困难。A D

平面图（若原工作室）

窄小而安静的空间

【宽敞】为了打造安静的空间，在不考虑使用轮椅的情况下，可以缩小空间面积，将天花板高度设定为2200mm，最好在上方设置架子。E

有洗漱台的马桶间的尺寸以为1叠（910mm×1820mm）为宜。F

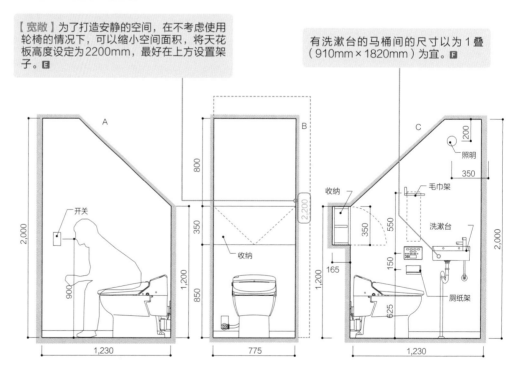

展开图（若原工作室）

解说 A若原工作室、B Asunaro建筑工房、C木木设计室、D设计生活设计室、E Moruzuzu建筑公司、F 3110ARCHITECTS一级建筑师事务所

要点 01

带水箱的马桶和
不带水箱的马桶

虽然无水箱马桶的设计性和清洁性很高，但价格比有水箱的马桶更贵。由于要另外设置洗漱台，所以管道也会增加。另外，停电时带水箱的马桶更加方便。

带水箱的马桶

不带水箱的马桶

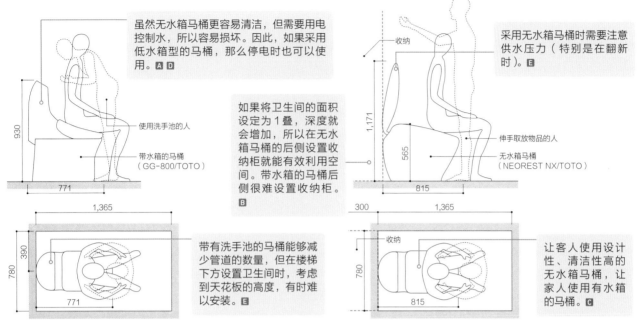

虽然无水箱马桶更容易清洁，但需要用电控制水，所以容易损坏。因此，如果采用低水箱型的马桶，那么停电时也可以使用。**A** **D**

使用洗手池的人

带水箱的马桶
（GG-800/TOTO）

如果将卫生间的面积设定为1叠，深度就会增加，所以在无水箱马桶的后侧设置收纳柜就能有效利用空间。带水箱的马桶后侧很难设置收纳柜。**B**

带有洗手池的马桶能够减少管道的数量，但在楼梯下方设置卫生间时，考虑到天花板的高度，有时难以安装。**E**

收纳

采用无水箱马桶时需要注意供水压力（特别是在翻新时）。**E**

伸手取放物品的人

无水箱马桶
（NEOREST NX/TOTO）

收纳

让客人使用设计性、清洁性高的无水箱马桶，让家人使用有水箱的马桶。**C**

要点 02

洗漱台放置在
马桶间外

洗漱台作为马桶间的必备设施，大多设在马桶间外。特别是对于紧凑型马桶间，考虑到与门和动线会互相干扰，洗漱台设置在马桶间外更为合理。

洗漱台和马桶间分开

紧凑型马桶间

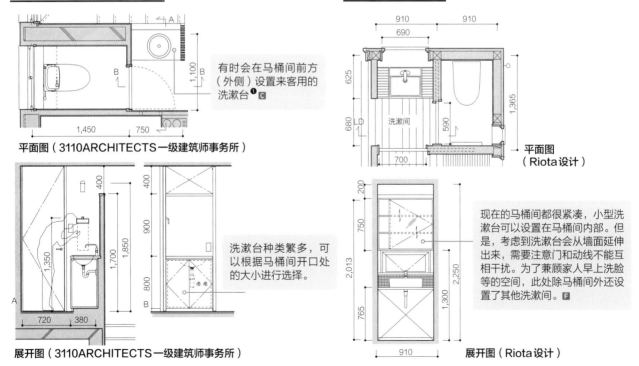

平面图（3110ARCHITECTS一级建筑师事务所）

有时会在马桶间前方（外侧）设置来客用的洗漱台❶ **C**

展开图（3110ARCHITECTS一级建筑师事务所）

洗漱台种类繁多，可以根据马桶间开口处的大小进行选择。

平面图
（Riota 设计）

现在的马桶间都很紧凑，小型洗漱台可以设置在马桶间内部。但是，考虑到洗漱台会从墙面延伸出来，需要注意门和动线不能互相干扰。为了兼顾家人早上洗脸等的空间，此处除马桶间外还设置了其他洗漱间。**F**

展开图（Riota 设计）

解说　**A**Asunaro建筑工房、**B**木木设计室、**C**3110ARCHITECTS一级建筑师事务所、**D**前田工务店、**E**Akimichi Design、**F**Riota 设计

❶厨房、卫生间都是私密空间，很多居住者不愿让来客进入。

如何建造半叠大小的马桶间

在翻新旧的轮式卫生间时，想要最大限度地缩小马桶间尺寸的人竟出乎意料地多。此处专注于墙壁装饰和马桶的选择，打造出面积为半叠的马桶间。狭小的马桶间能够让人觉得安稳。

最小为910mm×910mm

在910mm的方形空间内设置隐柱墙（译者注：隐柱墙是指木结构建筑中，在柱子两面贴板子或涂上油漆，使柱子不露在外部的墙壁），内部保留800mm。为了尽量使空间显得宽敞，以及外墙保温，省略了内部装修，使柱子和门柱暴露在外，确保了面积。隔断墙采用45mm方形基底材料，让墙壁变得更薄。A

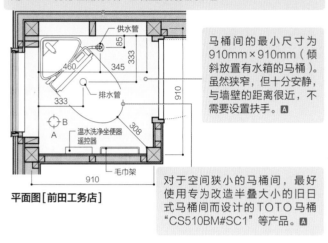

平面图［前田工务店］

马桶间的最小尺寸为910mm×910mm（倾斜放置有水箱的马桶）。虽然狭窄，但十分安静，与墙壁的距离很近，不需要设置扶手。A

对于空间狭小的马桶间，最好使用专为改造半叠大小的旧日式马桶间而设计的TOTO马桶"CS510BM#SC1"等产品。A

展开图［前田工务店］

无障碍马桶间的尺寸

为了打造谁都能使用的马桶间而设置扶手。坐轮椅的人、老年人、挂拐杖的人使用马桶间时，扶手能够发挥重要的作用。

为打造无障碍马桶间而设置的扶手和马桶前的空间

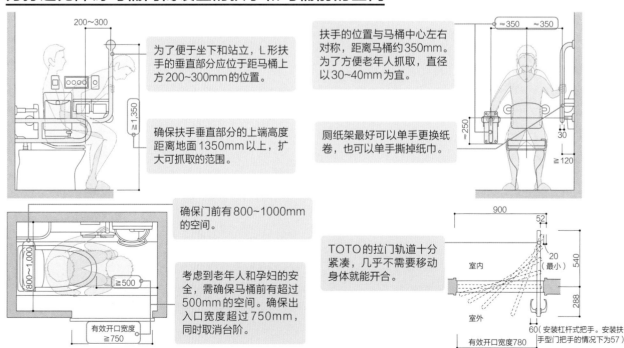

为了便于坐下和站立，L形扶手的垂直部分应位于距马桶上方200~300mm的位置。

确保扶手垂直部分的上端高度距离地面1350mm以上，扩大可抓取的范围。

扶手的位置与马桶中心左右对称，距离马桶约350mm。为了方便老年人抓取，直径以30~40mm为宜。

厕纸架最好可以单手更换纸卷，也可以单手撕掉纸巾。

确保门前有800~1000mm的空间。

考虑到老年人和孕妇的安全，需确保马桶前有超过500mm的空间。确保出入口宽度超过750mm，同时取消台阶。

TOTO的拉门轨道十分紧凑，几乎不需要移动身体就能开合。

解说 A前田工务店

每天必去的马桶间，
物品便于取放和使用

马桶间的面积不能太大，也不能太小。坐在马桶上时，卫生纸和厕纸架最好都在触手可及的范围内。收纳的深度应确保能够存放直径200mm的卫生纸。此外，根据居住者的要求，考虑在马桶间内设置洗手台或宠物厕所。

放在马桶间里的物品

在马桶间里摆放观叶植物能带来清爽感。适合较小、耐阴性的植物（如常春藤、绿萝、龙血树、吊兰等）。

避免使用木质地板。为了防止污垢，以及地板和马桶之间的结露，最好采用氯乙烯类的材料。

同时设置柜台和扶手时，设置在750mm以上的位置更有助于站立、坐下的动作。

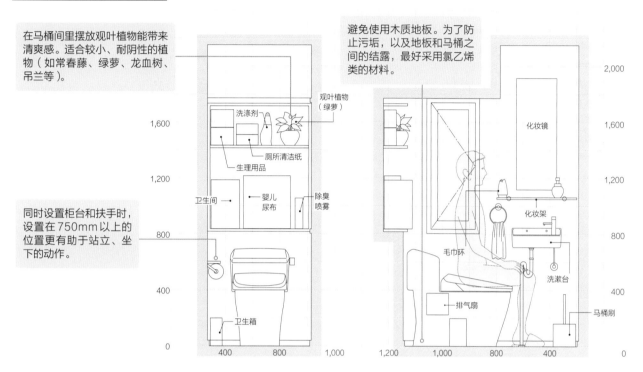

卫生纸等的尺寸

单位：mm

		宽度	深度	高度
卫生纸	6卷装	220	110	345
	12卷装	220	220	345
生理用品		250	200	70
纸尿布	新生儿用	250	120	230
	婴儿用 M号	250	150	400
	婴儿用 L号	250	180	400

洗手台的种类

放置型

设置时，马桶间的宽度需超过780mm，深度需超过1235mm。

嵌入型

设置时，马桶间的宽度需超过910mm，深度需超过1440mm。

猫厕所

想把猫厕所设置在人的动线上。家人可以在日常生活中确认猫咪是否使用厕所，还可以有效地处理排泄物。

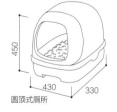

圆顶式厕所

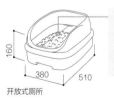

开放式厕所

猫厕所的边长为猫咪体长的1.5倍，确保猫咪能够在里边转圈。

猫砂

狗厕所

如果只使用宠物纸巾，可能导致排泄物飞溅，最好与托盘配套使用。

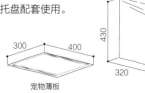

宠物薄板

厕所垃圾箱

宠物托盘（L形）

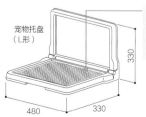

对于抬腿排尿的宠物狗来说，L形的折叠式托盘不易弄脏墙壁。

优先考虑摆放两张单人床

过去的卧室里通常摆放双人床，而现在越来越多的人选择摆放两张单人床。此外，还要安装电视、摆放床头柜等，卧室不再只是睡觉的地方，所以与以往相比需要更大的空间。

卧室基本面积为3185mm×2730mm

并排摆放两张单人床时，要确保床之间有200mm的空间，为被褥留出空间。**A**

910mm组件与床的尺寸不匹配。因此，如果想打造紧凑的卧室，就要考虑家具的布局，规划时不能浪费空间。**E**

【小】夫妻分开睡在不同的卧室时，需准备3叠（2730mm×1820mm）的空间，最好设置书房等，作为临时睡觉的用途。**G**

【小】如果要收纳被褥，则需要2730mm×2730mm的空间。卧室收纳必须紧凑，利用壁橱和步入式衣柜等填满空间。**F**

考虑到在床的周围收拾床铺的空间，应确保通道宽度达到450~500mm。**A** **B**

【大】在卧室里设置深度700mm的衣柜时，需要6叠（2730mm×3640mm）的面积。**C**

平面图（Asunaro建筑工房）

不在卧室设置壁橱

在墙上安装电视时，注意隐藏配线。

控制卧室照明的亮度。虽然LED照明越来越多，但需要注意的是，LED的调光不稳定，难以保证照明器具和调光器为同一生产厂家生产的产品。**D**

壁橱不设在卧室里，统一设置步入式壁橱或家庭壁橱的效率更高。**H** **I**

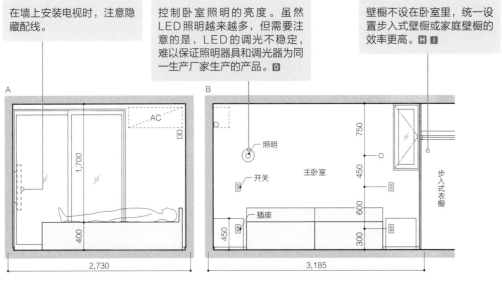

展开图（Asunaro建筑工房）

解说　**A** Ando工作室、**B** 3110ARCHITECTS一级建筑师事务所、**C** 设计生活设计室、**D** 广部刚司建筑研究所、**E** Akimichi Design、**F** Moruzuzu建筑公司、**G** 木木设计室、**H** 前田工务店、**I** Asunaro建筑工房

放在床上和卧室里的物品的尺寸

夫妻的卧室通常摆放两张单人床，但也有很多人选择摆放一张双人床。此外，除了睡觉，卧室还是看电视、看书的场所。电视的最佳观看距离是电视屏幕高度的3倍以上。

床的尺寸

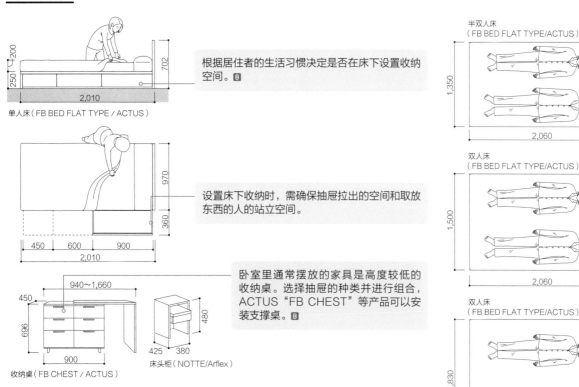

单人床（FB BED FLAT TYPE / ACTUS）

根据居住者的生活习惯决定是否在床下设置收纳空间。**B**

设置床下收纳时，需确保抽屉拉出的空间和取放东西的人的站立空间。

收纳桌（FB CHEST / ACTUS）

床头柜（NOTTE/Arflex）

卧室里通常摆放的家具是高度较低的收纳桌。选择抽屉的种类并进行组合，ACTUS "FB CHEST" 等产品可以安装支撑桌。**B**

半双人床（FB BED FLAT TYPE/ACTUS）

双人床（FB BED FLAT TYPE/ACTUS）

双人床（FB BED FLAT TYPE/ACTUS）

床和电视的关系

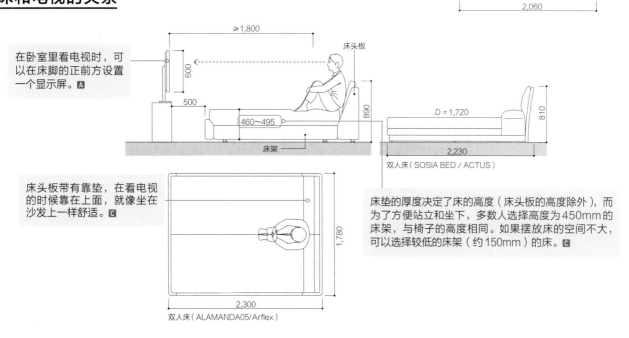

在卧室里看电视时，可以在床脚的正前方设置一个显示屏。**A**

床头板带有靠垫，在看电视的时候靠在上面，就像坐在沙发上一样舒适。**C**

双人床（SOSIA BED / ACTUS）

床垫的厚度决定了床的高度（床头板的高度除外），而为了方便站立和坐下，多数人选择高度为450mm的床架，与椅子的高度相同。如果摆放床的空间不大，可以选择较低的床架（约150mm）的床。**C**

双人床（ALAMANDA05/Arflex）

解说 **A**前田工务店、**B**ACTUS、**C**Arflex

衣柜的尺寸取决于收纳的物品和通道的宽度

现在的西服大多是立体裁剪和缝制的，相比折叠收纳，更适合挂着。这一变化使得衣柜收纳以悬挂为主。首先根据衣架和西服的种类考虑衣柜的深度，以及容易取放的高度等，掌握悬挂收纳所需的尺寸。

考虑收纳的方便性和取放的方便性

【标准】步入式衣帽间的标准尺寸为2~3叠。考虑将季节性物品和行李箱、被褥等集中收纳在一处，还是设置壁橱、阁楼、储藏室分开收纳，不同的收纳方法，尺寸也会有所变动。A

【小】3面收纳的步入式衣帽间，即使收纳的宽度变大，深度也要控制在455mm左右。D

如果收纳柜的深度为600mm，最好确保收纳的宽度相当于一个人伸展手臂的宽度。实际上，对于四口之家所需的宽度约为2700mm。B

宽度根据门的有无和收纳的物品而变化，如果通道宽度有600mm，就可以在衣柜里完成常规性的动作，如挑选和整理衣服等。C

平面图

【大】根据收纳物品的不同，有的居住者希望安装门。安装门时，需确保深度达到650mm。

【标准】收纳的基本深度为550~600mm，用衣架将衣服挂起。大多数的抽屉式收纳箱也可以设置和利用这一深度。

便于取放物品的高度

对于两面收纳的步入式衣帽间，则可以在其中一面设置单层吊架，确保挂长外套和连衣裙的高度。另一面设置2层吊架，这样可以充分确保悬挂夹克和折叠的裤装等的空间。E

考虑到不需要站在台子上取放物品的高度，吊架和抽屉收纳的基本高度应为1800 mm。其上部设有层板，可放置使用频率较低的物品。

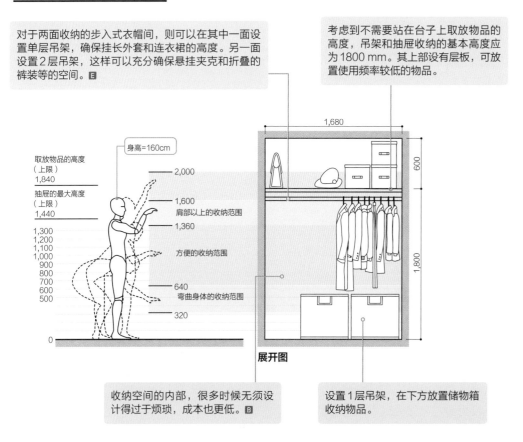

身高=160cm

取放物品的高度（上限）1,840
抽屉的最大高度（上限）1,440

2,000
1,600 肩部以上的收纳范围
1,360
方便的收纳范围
640 弯曲身体的收纳范围
320

1,300
1,200
1,100
1,000
900
800
700
600
500

0

展开图

收纳空间的内部，很多时候无须设计得过于烦琐，成本也更低。B

设置1层吊架，在下方放置储物箱收纳物品。

解说　A Moruzuzu建筑公司、B Akimichi Design、C Asunaro建筑工房、D设计生活设计室、E 3110ARCHITECTS一级建筑师事务所

步入式衣帽间具有可变性

根据衣帽间内的移动路线，决定收纳的物品及其场所。此时，可以先规划好季节性物品和大型物品等的收纳场所，也可以自由地改变收纳场所，所以要事先听取居住者的意见。

自由组合的步入式衣帽间

夹在收纳柜之间的通道宽650mm，即使摆放现成的收纳柜也很方便。

在收纳柜中高于地面1800mm的位置设置了吊架（φ32），1900mm的位置设置了层板，确保了大量可自由收纳的空间。C

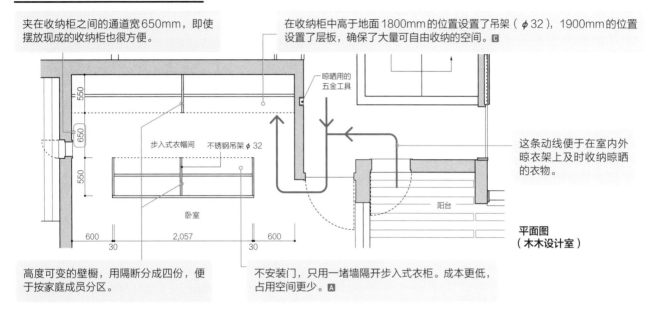

这条动线便于在室内外晾衣架上及时收纳晾晒的衣物。

平面图
（木木设计室）

高度可变的壁橱，用隔断分成四份，便于按家庭成员分区。

不安装门，只用一堵墙隔开步入式衣柜。成本更低，占用空间更少。A

按用途设计的步入式衣帽间

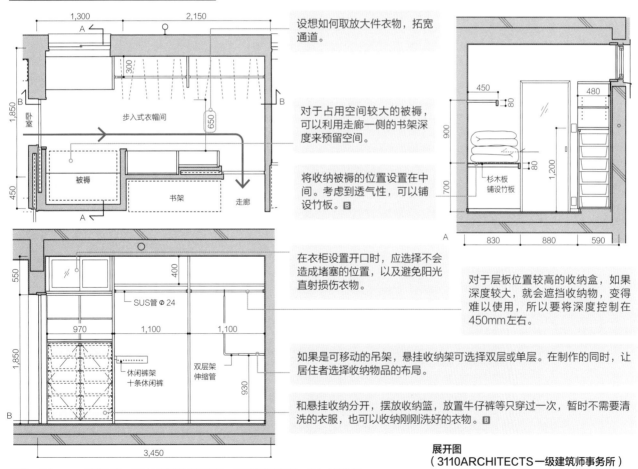

设想如何取放大件衣物，拓宽通道。

对于占用空间较大的被褥，可以利用走廊一侧的书架深度来预留空间。

将收纳被褥的位置设置在中间。考虑到透气性，可以铺设竹板。B

在衣柜设置开口时，应选择不会造成堵塞的位置，以及避免阳光直射损伤衣物。

对于层板位置较高的收纳盒，如果深度较大，就会遮挡收纳物，变得难以使用，所以要将深度控制在450mm左右。

如果是可移动的吊架，悬挂收纳架可选择双层或单层。在制作的同时，让居住者选择收纳物品的布局。

和悬挂收纳分开，摆放收纳篮，放置牛仔裤等只穿过一次，暂时不需要清洗的衣服，也可以收纳刚刚洗好的衣物。B

展开图
（3110ARCHITECTS一级建筑师事务所）

解说　A Asunaro建筑工房、B 3110ARCHITECTS一级建筑师事务所、C 木木设计室

要点 02

衣物收纳箱和
衣柜的尺寸

衣柜内部可以使用现成的收纳盒。这里介绍无印良品和爱丽思欧雅玛的产品尺寸。另外，如果居住者的旧衣柜与室内装饰的风格不一致，往往会放在步入式衣帽间内。设计时请事先了解居住者有无旧家具，并掌握家具的尺寸。

无印良品和爱丽思欧雅玛的收纳盒

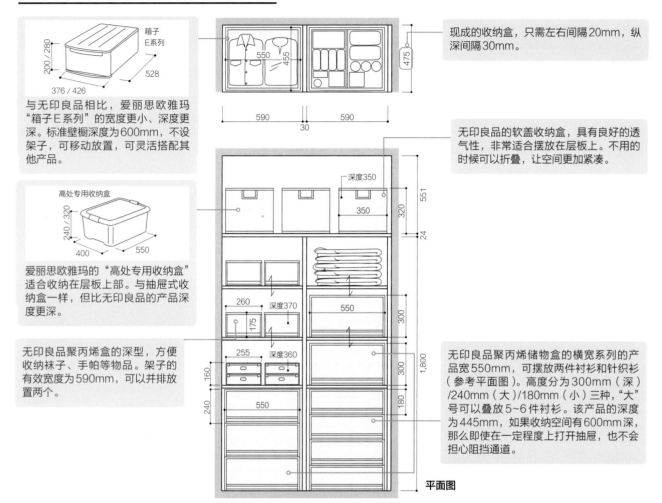

与无印良品相比，爱丽思欧雅玛"箱子E系列"的宽度更小、深度更深。标准壁橱深度为600mm，不设架子，可移动放置，可灵活搭配其他产品。

爱丽思欧雅玛的"高处专用收纳盒"适合收纳在层板上部。与抽屉式收纳盒一样，但比无印良品的产品深度更深。

无印良品聚丙烯盒的深型，方便收纳袜子、手帕等物品。架子的有效宽度为590mm，可以并排放置两个。

现成的收纳盒，只需左右间隔20mm，纵深间隔30mm。

无印良品的软盖收纳盒，具有良好的透气性，非常适合摆放在层板上。不用的时候可以折叠，让空间更加紧凑。

无印良品聚丙烯储物盒的横宽系列的产品宽550mm，可摆放两件衬衫和针织衫（参考平面图）。高度分为300mm（深）/240mm（大）/180mm（小）三种，"大"号可以叠放5~6件衬衫。该产品的深度为445mm，如果收纳空间有600mm深，那么即使在一定程度上打开抽屉，也不会担心阻挡通道。

平面图

放入步入式衣帽间的旧家具

对于一些叠起来也很占用空间的衣物，取放的时候抽屉需要开得很大。在明确这一动作幅度的基础上，确保过道的宽度。

如果使用带门的柜子，就要考虑开关门所需的空间。确保过道宽度 +200mm，以保证开关所需的空间。

080

衣物和小型物品的尺寸

铝制或聚氯乙烯衣架厚度约为10mm，而衣服肩部约厚40~60mm。设计时可以假设外衣肩厚60~80mm。除了小物件外，针织衫和T恤等可折叠的衣服必须放在抽屉中。无论哪一层，统一宽度和深度，就可以合理使用每一寸空间。

衣柜内部和收纳的物品

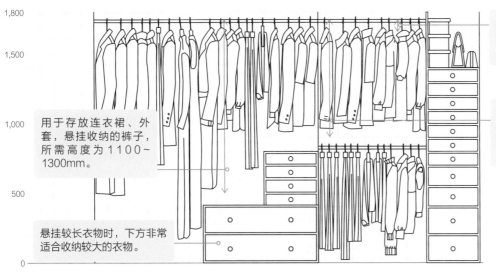

用于存放连衣裙、外套，悬挂收纳的裤子，所需高度为1100~1300mm。

悬挂较长衣物时，下方非常适合收纳较大的衣物。

悬挂收纳所需的高度要加上衣服的长度，还要考虑吊钩的高度（约100mm）。

衬衫、折叠后的内裤、女士夹克高度为700~800mm，迷你连衣裙、男士夹克高度为900~1000mm。

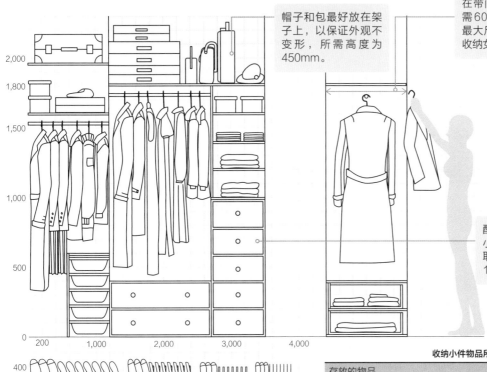

帽子和包最好放在架子上，以保证外观不变形，所需高度为450mm。

在带门的衣柜中存放男士的外套，需600mm的深度。如果以此作为最大尺寸，那么在没有门的衣柜中收纳女装，则只需450mm的深度。

配饰和丝袜、腰带、墨镜等的小型物品可以放进抽屉。便于取放物品的高度为距离地面1000~1100mm的位置。

收纳小件物品所需的深度

存放的物品	所需深度/mm
皮带（卷起来存放）	100~120
配饰	30
墨镜	60~80
手帕、丝袜、皮带（卷起来存放）	约130
轻薄针织衫，T恤（1件）	约195
厚针织衫（1件）	约350

阁楼的天花板高度不能低于1000mm

阁楼可以有效利用住宅的上层空间，但如果使用方法不当，就会成为无法使用的死角。在此，笔者为大家讲解如何设计和使用阁楼，以及阁楼的适当高度。另外，用于登上阁楼的梯子和楼梯直接关系到阁楼的实用性，控制好梯子和楼梯尺寸，有助于设计实用的阁楼。

阁楼的基础高度

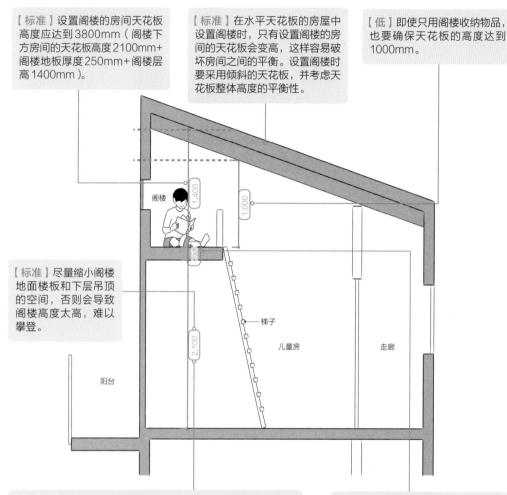

【标准】设置阁楼的房间天花板高度应达到3800mm（阁楼下方房间的天花板高度2100mm+阁楼地板厚度250mm+阁楼层高1400mm）。

【标准】在水平天花板的房屋中设置阁楼时，只有设置阁楼的房间的天花板会变高，这样容易破坏房间之间的平衡。设置阁楼时要采用倾斜的天花板，并考虑天花板整体高度的平衡性。

【低】即使只用阁楼收纳物品，也要确保天花板的高度达到1000mm。

【标准】尽量缩小阁楼地面楼板和下层吊顶的空间，否则会导致阁楼高度太高，难以攀登。

阁楼

梯子

儿童房

走廊

阳台

【标准】如果懒得上下阁楼，那么精心设计的空间就白白浪费了。因此，虽然要尽可能地降低阁楼的高度，但由于阁楼下方的天花板高度必须达到2100mm以上，因此设置阁楼时，应确保下层的高度刚好达到2100mm。

【标准】将阁楼当作卧室使用时，需确保梁高达到180~210mm，使搬入床时所需的宽度（2275mm）超过柱子的跨距。

登上阁楼的梯子、楼梯的尺寸

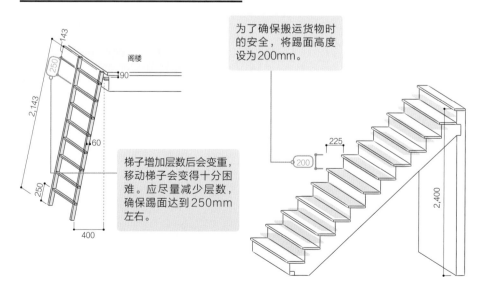

阁楼

梯子增加层数后会变重，移动梯子会变得十分困难。应尽量减少层数，确保踢面达到250mm左右。

为了确保搬运货物时的安全，将踢面高度设为200mm。

头顶的天花板高度不低于1200mm

由于严格的斜线限制，或者居住者想要将阁楼当作卧室使用，墙边天花板的高度往往不能达到2100mm。在这种情况下，如果能确保床头一侧的天花板高1200mm，则不会影响起居。如果采用倾斜的天花板，那么视线会自然朝上，不会有局促感。

为了确保起床时不会碰到头，应确保床面到天花板的距离达到700mm，为此，可以选择400mm高的矮床。

如果高度达到740mm，则可以放置一个较矮的边桌（高400mm）。

考虑到躺着操作智能手机等动作，床头朝向墙壁更容易确认电源位置。如果地面到插座上方的高度太低，就会积累灰尘；如果太高，从床上就能看到，所以最合适的高度约为350mm。

如果天花板的倾斜角度大于26.5°，躺下后视线会沿着坡度朝上，让人觉得十分宽敞。

仰视面：外露的斜梁

阁楼

将卧室设置在阁楼上时，如果不能确保较高的天花板高度，则应将天花板设计成倾斜的，并确保躺下时头部上方的天花板高1200mm，这样的设计不会有局促感。

剖面图

床面至天花板的高度至少为800mm

在卧室里摆放阁楼床❶时，如果不注意天花板高度，床的高度就会受到限制。确保床面与天花板的最小距离达到800mm，就可以在床上匍匐移动。但是，居住者的体型和感觉会有很大的影响，所以要事先考虑实际空间，并与居住者交换意见。

不做吊顶，在横梁与横梁（高210mm）之间放置阁楼床，确保床面与天花板的距离。

【低】当天花板的高度为2100mm时，要降低床的高度（下方收纳空间的高度为700~900mm）。虽然收纳减少，但没有阁楼床的压迫感，孩子也可以轻松上下。

【标准】虽然床下储物空间的高度越高，就越能保证更多的储物量，但上下床会变得困难，同时存在掉落的风险，所以不能一味地追求高度。根据所需的收纳量和居住者的感觉，最高不能超过1600mm。此处的天花板高度为2500mm（梁上），为了能够放入阁楼床，下方收纳空间的高度约为1500mm。

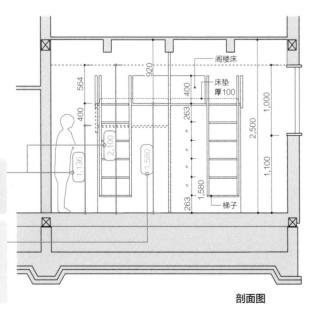

阁楼床

床垫厚100

梯子

剖面图

上"HSK" 设计：no.555 照片：铃木龙马
下"Kaede House" 设计：岛田设计室 照片：岛田贵史

❶床下方的空间可以自由使用，如作为收纳空间或工作区域等，以有效利用狭小空间。

通过家具的尺寸考虑儿童房的必要尺寸

先确定布局，再决定儿童房的尺寸。除了床和桌子等必需的家具外，还要询问居住者是否摆放其他物品。对于紧凑型儿童房，可以在家中其他空间单独设置玩耍区域，如果有兄弟姐妹，则可以根据孩子的成长分隔空间，灵活地改变房间布局。

单人儿童房的最小尺寸

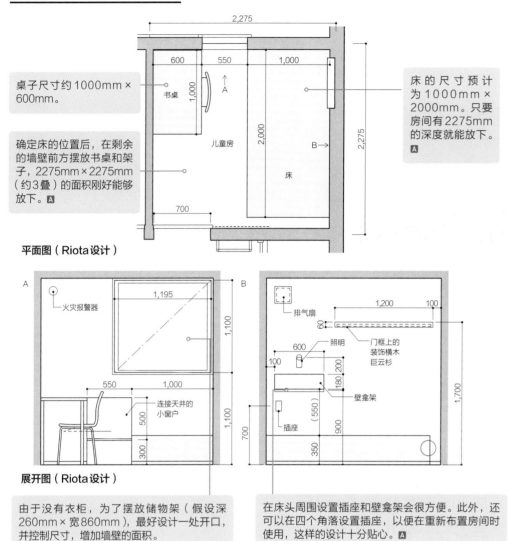

桌子尺寸约1000mm×600mm。

确定床的位置后，在剩余的墙壁前方摆放书桌和架子，2275mm×2275mm（约3叠）的面积刚好能够放下。🅰

床的尺寸预计为1000mm×2000mm。只要房间有2275mm的深度就能放下。🅰

平面图（Riota设计）

展开图（Riota设计）

由于没有衣柜，为了摆放储物架（假设深260mm×宽860mm），最好设计一处开口，并控制尺寸，增加墙壁的面积。

在床头周围设置插座和壁龛架会很方便。此外，还可以在四个角落设置插座，以便在重新布置房间时使用，这样的设计十分贴心。🅰

双人儿童房

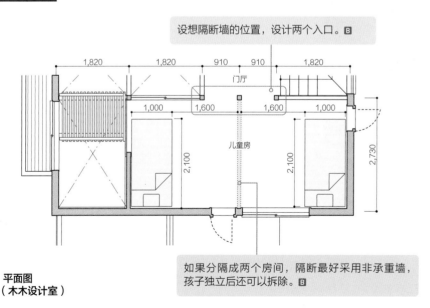

设想隔断墙的位置，设计两个入口。🅱

如果分隔成两个房间，隔断最好采用非承重墙，孩子独立后还可以拆除。🅱

平面图
（木木设计室）

解说　🅰Riota设计、🅱木木设计室

孩子和大人都能使用的尺寸

对于紧凑型儿童房，建议选择高脚床或阁楼床，使床、书桌和收纳空间纵向重叠。在床的下方学习时，为了让孩子起身后能够站在床下，地板到床下方需要1600mm。孩子独立后，桌子可以留给父母使用。对于椅子，现在的主流做法是随着孩子的成长改变椅子的高度。

兼顾收纳的床

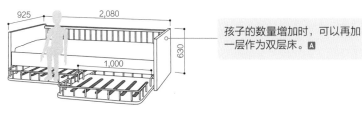

孩子的数量增加时，可以再加一层作为双层床。A

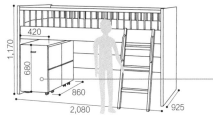

ACTUS "TEMPO"系列的床，可以在侧面安装架子，无须增添家具即可增加收纳空间。A

家中虽然有专门订做的衣柜，但收纳量往往不够。可以增加带有脚轮的收纳家具。

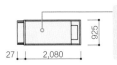

儿童床的床垫规格基本和成人床一样，所以尺寸不变。

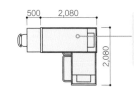

如果儿童房空间充裕，则可以在高脚床下方呈L形布置另一张单人床。这样的布局能够促进兄弟姐妹之间的交流。

桌子周围的空间今后可以当作客厅使用

像ACTUS "SARCLE CHEST"这样兼备收纳功能的长椅，很适合家人和朋友一起团聚时坐着。A

如果桌子不对称，像ACTUS "SARCLE DESK"一样一边大一边小，则很方便家长或家教坐在旁边指导孩子。A

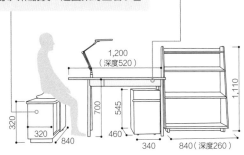

ACTUS "MEZZO2 DESK SET1"深度很浅，即使放在客厅也不碍事。

小孩和大人都能用的椅子

ACTUS "THEO CHAIR"让人容易保持前倾姿势，也容易集中注意力。A

"TRIPP TRAPP CHAIR"可以调节座椅和椅子腿的位置。幼儿期可作餐椅，学龄期可作桌椅。

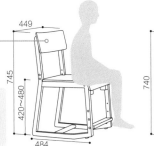

选择ACTUS "SARCLE CHAIR"等能把书包挂在靠背上的椅子，有助于节省空间。A

解说 A ACTUS

充分利用高度，打造紧凑的儿童房

为了紧凑地整理儿童房所需的床、桌子、收纳工具等，如何有效利用纵向空间十分重要，如设置阁楼床等。如果有两个以上的孩子，就要掌握双层床的必要尺寸。

带双层床的儿童房

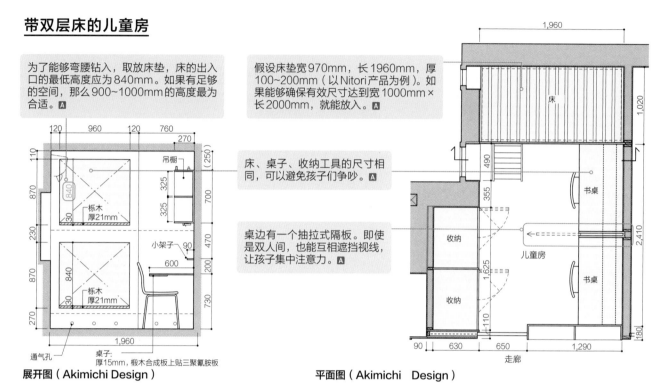

为了能够弯腰钻入，取放床垫，床的出入口的最低高度应为840mm。如果有足够的空间，那么900~1000mm的高度最为合适。Ａ

假设床垫宽970mm，长1960mm，厚100~200mm（以Nitori产品为例）。如果能够确保有效尺寸达到宽1000mm×长2000mm，就能放入。Ａ

床、桌子、收纳工具的尺寸相同，可以避免孩子们争吵。Ａ

桌边有一个抽拉式隔板。即使是双人间，也能互相遮挡视线，让孩子集中注意力。Ａ

吊橱

栎木 厚21mm

小架子

栎木 厚21mm

通气孔

桌子：厚15mm，椴木合成板上贴三聚氰胺板

展开图（Akimichi Design）

床

书桌

收纳

儿童房

收纳

书桌

走廊

平面图（Akimichi Design）

带阁楼床的儿童房

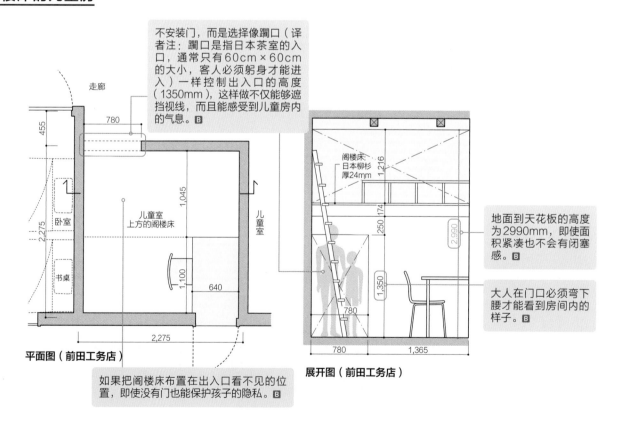

不安装门，而是选择像蹦口（译者注：蹦口是指日本茶室的入口，通常只有60cm×60cm的大小，客人必须躬身才能进入）一样控制出入口的高度（1350mm），这样做不仅能够遮挡视线，而且能感受到儿童房内的气息。Ｂ

走廊

卧室

书桌

儿童室上方的阁楼床

儿童室

平面图（前田工务店）

如果把阁楼床布置在出入口看不见的位置，即使没有门也能保护孩子的隐私。Ｂ

阁楼床：日本柳杉 厚24mm

地面到天花板的高度为2990mm，即使面积紧凑也不会有闭塞感。Ｂ

大人在门口必须弯下腰才能看到房间内的样子。Ｂ

展开图（前田工务店）

解说　ＡAkimichi Design、Ｂ前田工务店

方便儿童使用的尺寸
和物品的尺寸

架子等家具的高度尺寸与使用者身高存在一定的关系。掌握每个动作所需的空间，即使没有专门的儿童房，也可以在客厅、餐厅和走廊设计适合孩子们的空间。

适合儿童身高的高度

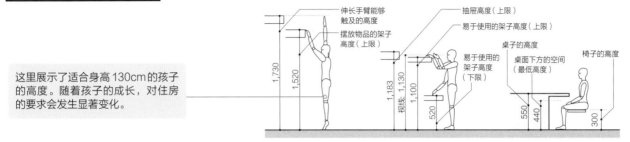

这里展示了适合身高130cm的孩子的高度。随着孩子的成长，对住房的要求会发生显著变化。

孩子的生活姿势和空间

各年龄身高平均值❶

年龄/岁	身高/mm		年龄/岁	身高/mm	
	男性	女性		男性	女性
6	1,148	1,166	11	1,447	1,460
7	1,232	1,216	12	1,508	1,511
8	1,282	1,261	13	1,603	1,541
9	1,337	1,344	14	1,643	1,568
10	1,383	1,398	15	1,686	1,568

收纳在儿童房的物品

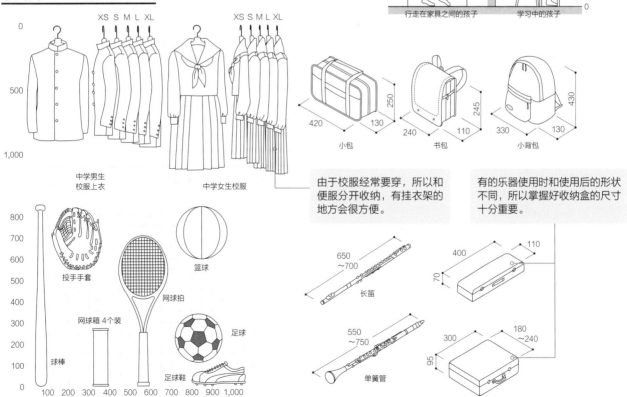

中学男生校服上衣　中学女生校服

由于校服经常要穿，所以和便服分开收纳，有挂衣架的地方会很方便。

有的乐器使用时和使用后的形状不同，所以掌握好收纳盒的尺寸十分重要。

❶此处为日本总务省发布的数据，仅作参考

摆设，确定收纳物，完善书房的

书房的尺寸=书的数量+书桌

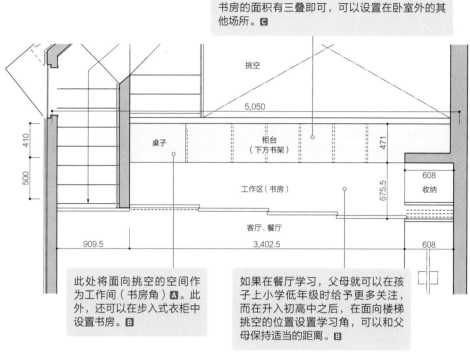

书房的面积有三叠即可，可以设置在卧室外的其他场所。**C**

410
500
挑空
5,050
桌子
柜台（下方书架）
471
工作区（书房）
675.5
608
收纳
客厅、餐厅
909.5
3,402.5
608

此处将面向挑空的空间作为工作间（书房角）**A**。此外，还可以在步入式衣柜中设置书房。**B**

如果在餐厅学习，父母就可以在孩子上小学低年级时给予更多关注，而在升入初高中之后，在面向楼梯挑空的位置设置学习角，可以和父母保持适当的距离。**B**

平面图（设计生活设计室）

书房不同于娱乐室，不一定要有独立、封闭的空间。只要摆上书桌和书架，就是一间漂亮的书房。我们可以根据书房的用途，决定收纳量和办公桌的宽度等。另外，还可以在衣柜或走廊等拥有其他用途的空间内设置收纳架或桌子，同时兼具书房的作用。

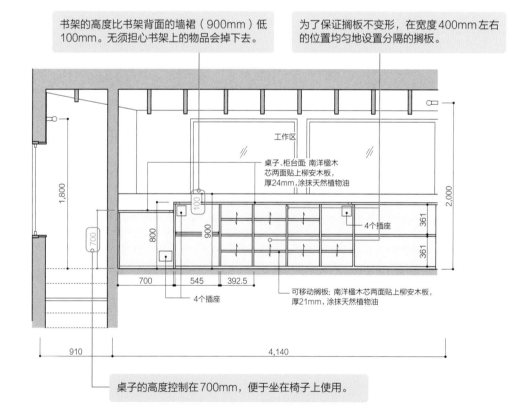

书架的高度比书架背面的墙裙（900mm）低100mm。无须担心书架上的物品会掉下去。

为了保证搁板不变形，在宽度400mm左右的位置均匀地设置分隔的搁板。

1,800
工作区
700
800
900
2,000
桌子、柜台面：南洋楹木芯两面贴上柳安木板，厚24mm，涂抹天然植物油
361
361
4个插座
700 545 392.5
4个插座
可移动搁板：南洋楹木芯两面贴上柳安木板，厚21mm，涂抹天然植物油
910
4,140

桌子的高度控制在700mm，便于坐在椅子上使用。

展开图（设计生活设计室）

解说 **A** 设计生活设计室、**B** Asunaro建筑工房、**C** 山崎壮一建筑设计事务所

要点 01

书本摆放得当，就能作为室内装饰

定制大型书架，深度和高度经常过大，收纳量也有所损失。尽量设置为书籍规格+10mm的空间，多设置搁板层数。此外，还需确认居住者拥有的书籍。如果书籍开本难以确定，可选用固定在墙面上的可变搁板架。

根据书籍开本设计墙面书架

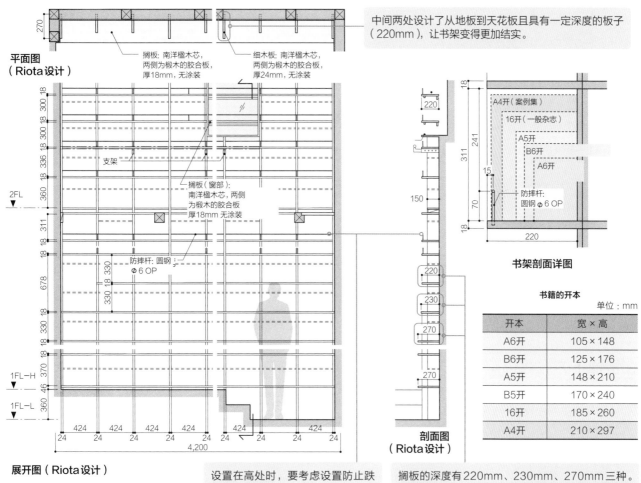

中间两处设计了从地板到天花板且具有一定深度的板子（220mm），让书架变得更加结实。

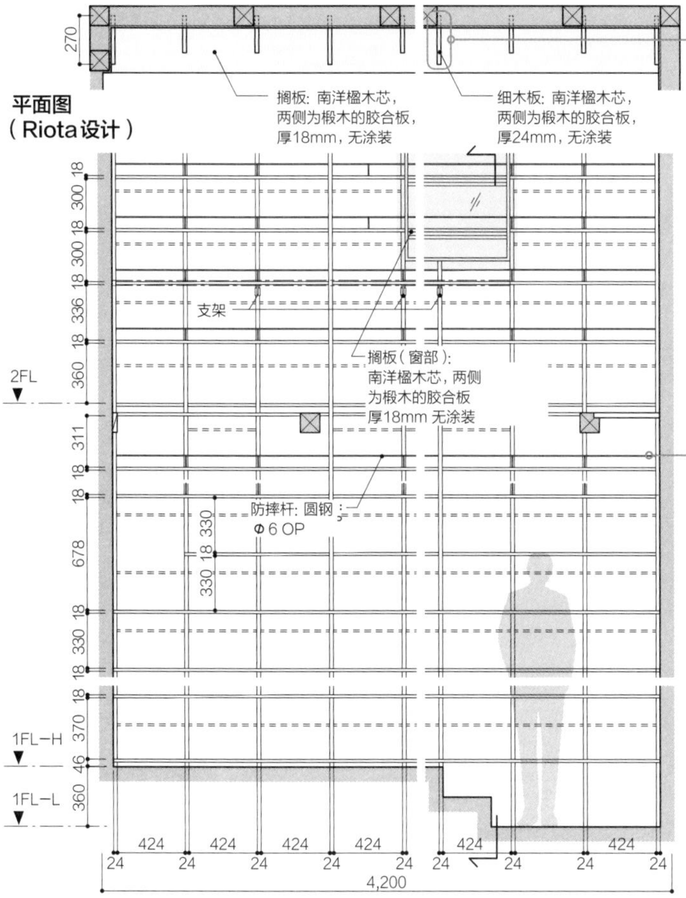
270
搁板：南洋楹木芯，
两侧为椴木的胶合板，
厚18mm，无涂装
细木板：南洋楹木芯，
两侧为椴木的胶合板，
厚24mm，无涂装
平面图
（Riota设计）
支架
搁板（窗部）：
南洋楹木芯，两侧
为椴木的胶合板
厚18mm 无涂装
防摔杆：圆钢
Φ6 OP
2FL
1FL−H
1FL−L
424
24
4,200

展开图（Riota设计）

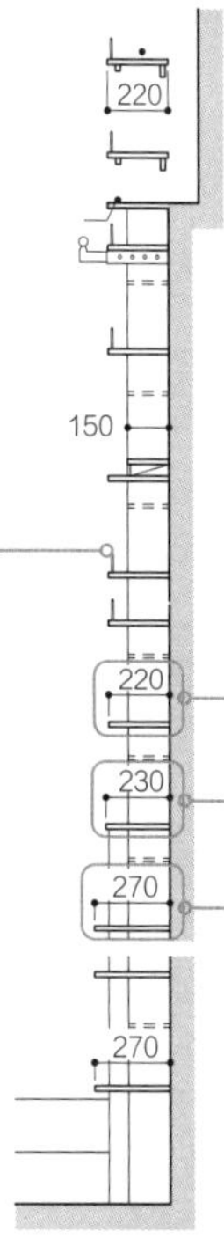
220
150
230
270
剖面图
（Riota设计）

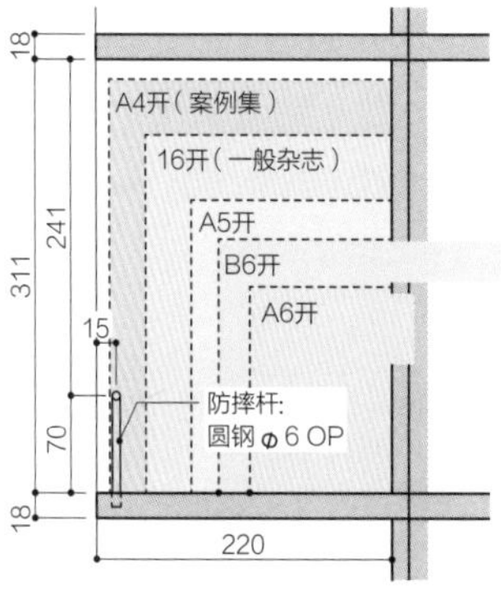
A4开（案例集）
16开（一般杂志）
A5开
B6开
A6开
防摔杆：
圆钢 Φ6 OP
311
241
70
15
18
220

书架剖面详图

书籍的开本

单位：mm

开本	宽×高
A6开	105×148
B6开	125×176
A5开	148×210
B5开	170×240
16开	185×260
A4开	210×297

设置在高处时，要考虑设置防止跌落的支撑杆等。A

搁板的深度有220mm、230mm、270mm三种。高度均超过311mm，A4以下的尺寸都可以放入所有架子。

站在走廊里使用的书架

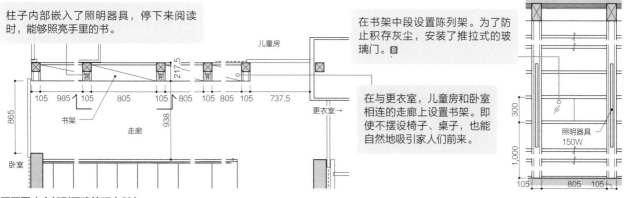

柱子内部嵌入了照明器具，停下来阅读时，能够照亮手里的书。

在书架中段设置陈列架。为了防止积存灰尘，安装了推拉式的玻璃门。B

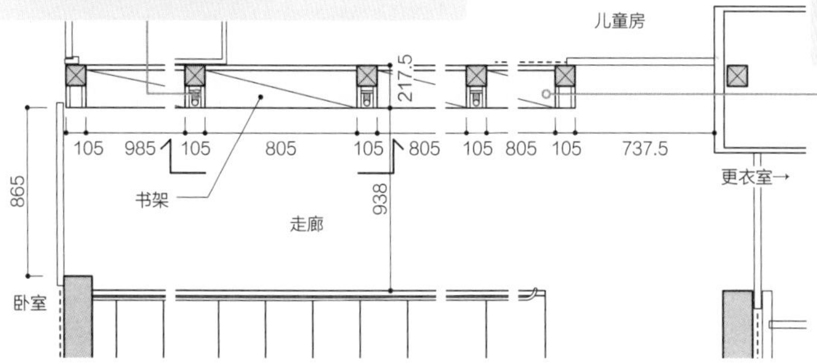
儿童房
217.5
105
985
805
737.5
865
938
书架
走廊
更衣室→
卧室

在与更衣室，儿童房和卧室相连的走廊上设置书架。即使不摆设椅子、桌子，也能自然地吸引家人们前来。

平面图（广部刚司建筑研究所）

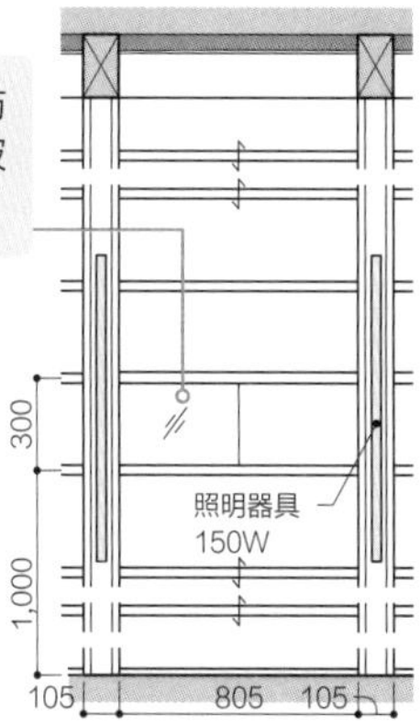
300
1,000
照明器具
150W
105
805

展开图（广部刚司建筑研究所）

解说　A Riota设计、B广部刚司建筑研究所

天花板的高度大于1400mm，就能充分利用书房

除了单独设置书房外，也可以将书房设置在客厅或走廊的一角。无论哪种布局方式，创造一个让人聚精会神的空间最为重要。另外，还要注意开口和书架的布局。此处以后者为例，解说书房的高度尺寸。

书房的天花板高度控制在2000mm左右

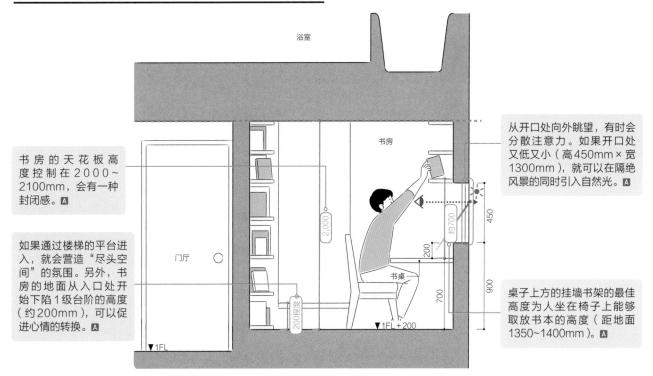

书房的天花板高度控制在2000~2100mm，会有一种封闭感。A

如果通过楼梯的平台进入，就会营造"尽头空间"的氛围。另外，书房的地面从入口处开始下陷1级台阶的高度（约200mm），可以促进心情的转换。A

从开口处向外眺望，有时会分散注意力。如果开口处又低又小（高450mm×宽1300mm），就可以在隔绝风景的同时引入自然光。A

桌子上方的挂墙书架的最佳高度为人坐在椅子上能够取放书本的高度（距地面1350~1400mm）。A

在楼梯下方布置书房时，天花板的最小高度只需1400mm

如果能确保天花板高度达到1400mm，楼梯下方的空间就可以作为书房使用。B

如果入口处的开口高度低于天花板，书房就会有种地窖般的感觉。B

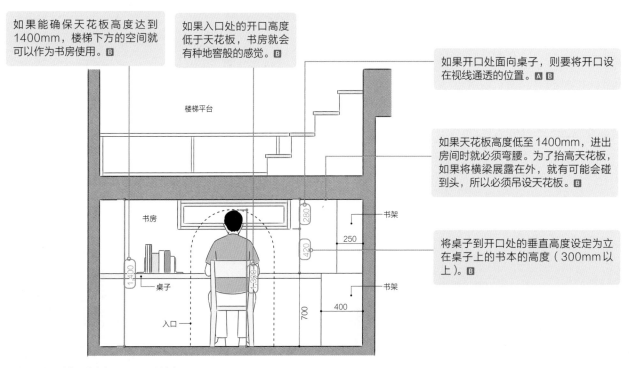

如果开口处面向桌子，则要将开口设在视线通透的位置。A B

如果天花板高度低至1400mm，进出房间时就必须弯腰。为了抬高天花板，如果将横梁展露在外，就有可能会碰到头，所以必须吊设天花板。B

将桌子到开口处的垂直高度设定为立在桌子上的书本的高度（300mm以上）。B

解说 A小野建筑设计事务所、B NL设计室

090

考虑窗口的基本样式，有效提高室内采光

窗口周围的基本姿势和视线

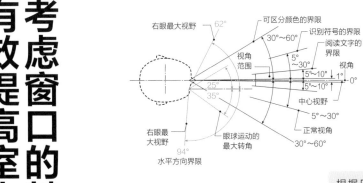

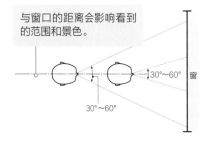

与窗口的距离会影响看到的范围和景色。

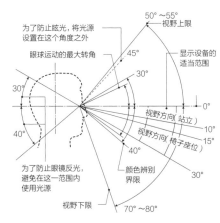

根据日常生活中姿势的变化，眼睛通常在高度700~1200mm之间上下浮动。考虑到房间的使用方法，根据房间内的常用姿势设计窗口。

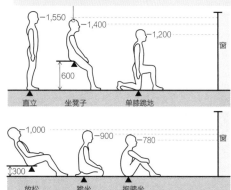

窗口的位置要考虑人的视线高度。在解决采光、通风、邻里视线等难题的同时，还要注意每个房间里的"视线高度"。将人的视点固定在正面时，能够清楚地捕捉对象的范围只是中心视野❶的范围。在视野所能捕捉到的极限范围内中心视野仅占1/40。

让风景更加美好的窗口高度规则

▶ **小窗（横向洞口）**

如果根据沙发等的高度设置横向窗户，坐着的时候视线会朝向窗外，而站着的时候则会看向室内装饰。如果把垂壁做大（800mm以上），就可以打造出重心较低的安静空间。

▶ **小窗（角窗）**

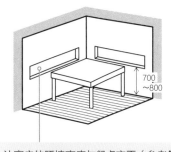

让窗户的腰墙高度与餐桌齐平（参考第50页），并控制其大小，就可以聚焦景色。

▶ **大窗（双侧开窗）**

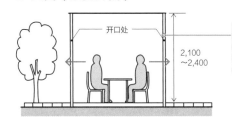

落地窗作为横向窗的一种，可使室内与外部空间融为一体。两侧墙面可以开满洞口。设计一个延伸到屋外的木质露台，就能将室内外连接在一起。

---

❶视野中最灵敏的范围。眼睛不移动就能看到的范围是视野，集中看向一点是中心视野。

了解成品窗扇

FIX窗有助于打造开放空间。但是，对于难以清洁的楼房外侧玻璃，还需要综合考虑。对于安装了横拉窗的大开口，除了2扇窗户外，还可以选择3扇或更多扇窗户，或采用单扇窗。

FIX窗

各厂家FIX窗最大、最小内侧基准尺寸

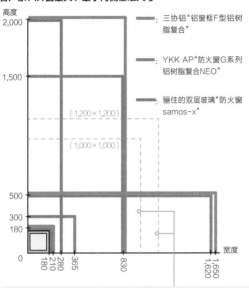

- 三协铝"铝窗框F型铝树脂复合"
- YKK AP"防火窗G系列铝树脂复合NEO"
- 骊住的双层玻璃"防火窗samos-x"

> 如果将FIX窗设置成正方形（1000mm×1000mm、1200mm×1200mm），就像用镜框截取屋外的风景一样。

横拉窗

横拉窗（窗型）最大、最小内侧基准尺寸

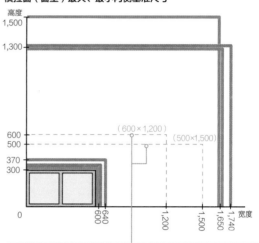

> 如果将横拉窗作为高窗，考虑到排热效果，开口部的比例应为横向（500mm×1500mm或600mm×1200mm）。

- 三协铝"铝窗框F型铝树脂复合"
- YKK AP"防火窗G系列铝树脂复合NEO"
- 骊住双层玻璃的"防火窗samos-x"

月牙锁的位置

> 气密性能较高的窗户，开关窗户时的操作性就会变差。特别是大开口，因为重量太重，很难开闭，所以要根据预想的开闭频率和房间的使用方法来决定窗户的大小。

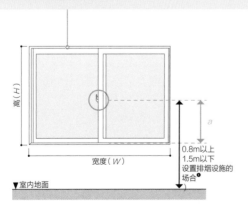

月牙锁标准位置 [2]		
主要的窗户形状	高度（H）尺寸/mm	标准月牙锁位置高度a/mm
窗型	$H \leq 254$	81
	$254 < H$	$H / 2 - 46$
落地式/露台式	$H < 1,775$	$H - 975$
		800

解说　△若原工作室

❶日本相关法律规定，在墙壁上设置视为排烟设施的开口时，手动打开的部分（如月牙等）应设置在距地面0.8m以上、1.5m以下的位置。
❷参考骊住的横拉窗（ALC框架、RC框架、半外置框架通用）。

巧妙地使用成品木制门窗

外部使用的成品木制门窗需要符合一定的水密性、气密性、隔音性、隔热性、抗风压性标准。木制窗扇的抗风压性强于金属门窗。应掌握现成木制窗框的尺寸，选择最适合自己的窗框。在有防火要求的地区，存在延烧危险的部分的外部开口要使用符合防火规范的防火门窗。如果居住者特别强调遮光性、防盗性等，安装防雨门最为有效。

成品木制门窗

▷ **单侧横拉窗**
（island profile）

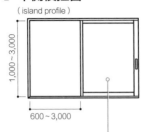

1,000～3,000

600～3,000

开口处多为定制品与成品的结合物。现成产品在降低成本和防火方面具有优势。非现成产品的尺寸会增加成本，设计时请注意。🅐

▷ **横拉窗**
（island profile）

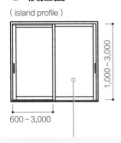

1,000～3,000

600～3,000

设置一整套拉门、玻璃门、纱窗。🅑

▷ **折叠窗**
（island profile）

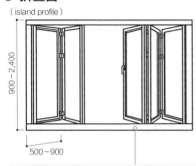

900～2,400

500～900

可单侧、双侧分开折叠，展现开放感十足的开口。考虑到雨水溅落的情况，最好采用外开型窗。

▷ **平开翻转窗**
（island profile）

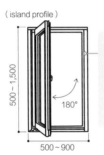

500～1,500

180°

向外推窗时，纵轴滑动可使窗面自由旋转。由于能调节风和室外空气，因此十分方便。外侧玻璃表面便于清洁。

500～900

▷ **单开门**
（island profile）

玄关门通常需要同时具有防火性能和隔热性能，因此推荐使用现成的木门。🅒

1,800～2,600

800～1,100

▷ **下悬窗**
（island profile）

500～1,400

约60°

500～1,800

推拉型防雨门最为合适

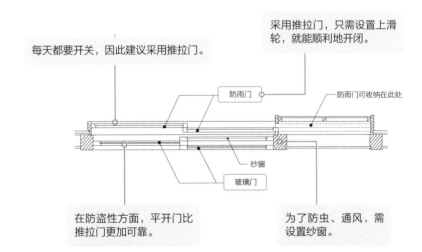

每天都要开关，因此建议采用推拉门。

采用推拉门，只需设置上滑轮，就能顺利地开闭。

防雨门

防雨门可收纳在此处

纱窗

玻璃门

在防盗性方面，平开门比推拉门更加可靠。

为了防虫、通风，需设置纱窗。

解说 🅐设计生活设计室、🅑Ando工作室、🅒Asunaro建筑工房

方便晾晒衣服的阳台

与晾晒阳台相邻的宽敞走廊

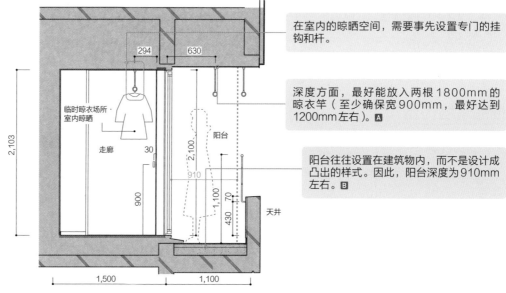

在室内的晾晒空间，需要事先设置专门的挂钩和杆。

深度方面，最好能放入两根1800mm的晾衣竿（至少确保宽900mm，最好达到1200mm左右）。**A**

阳台往往设置在建筑物内，而不是设计成凸出的样式。因此，阳台深度为910mm左右。**B**

剖面图（3110ARCHITECTS一级建筑师事务所）

即使可以在阳台上晾晒衣物，也要确保相邻的走廊里有临时的室内晾晒空间。在梅雨季节或花粉较多的季节，居住者可能希望日常在室内晾晒衣物，那么建议选择阳光房或半室外的晾晒阳台。

在室内设置的临时晾衣场所，晾晒完衣物旁边也要确保有过道。因此，走廊宽度要达到910+455mm。**C**

即使有室外晾晒场所，如果拥有临时的室内晾衣场所，也会十分方便。临时晾衣场所应设置在从客厅看不见的位置。**C**

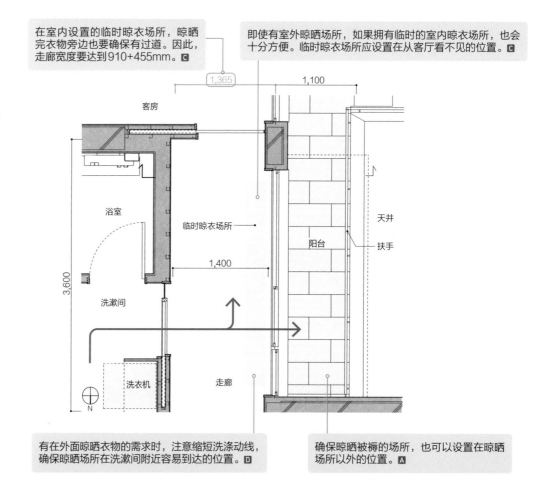

平面图（3110ARCHITECTS一级建筑师事务所）

有在外面晾晒衣物的需求时，注意缩短洗涤动线，确保晾晒场所在洗漱间附近容易到达的位置。**D**

确保晾晒被褥的场所，也可以设置在晾晒场所以外的位置。**A**

解说 **A**Asunaro建筑工房、**B**若原工作室、**C**3110ARCHITECTS一级建筑师事务所、**D**Akimichi Design

要点 01

在室内设置晾晒空间

在梅雨季节，如果家中有室内晾衣场所会十分方便。室内晾衣场所通常设置在家中的南侧且远离客厅等家人团聚的地方。确保有最低限度的空间，同时要注意内外的美观度。

在室内设置阳光房，打造舒适的室内晾晒场地

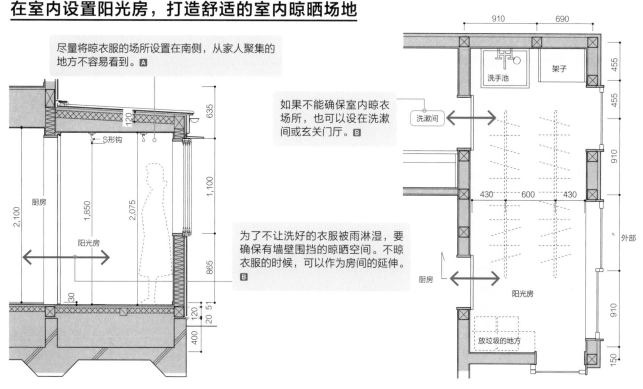

尽量将晾衣服的场所设置在南侧，从家人聚集的地方不容易看到。A

如果不能确保室内晾衣场所，也可以设在洗漱间或玄关门厅。B

为了不让洗好的衣服被雨淋湿，要确保有墙壁围挡的晾晒空间。不晾衣服的时候，可以作为房间的延伸。B

剖面图（Asunaro建筑工房）

平面图（Asunaro建筑工房）

用格栅打造晾晒阳台
外部难以看到换洗的衣物

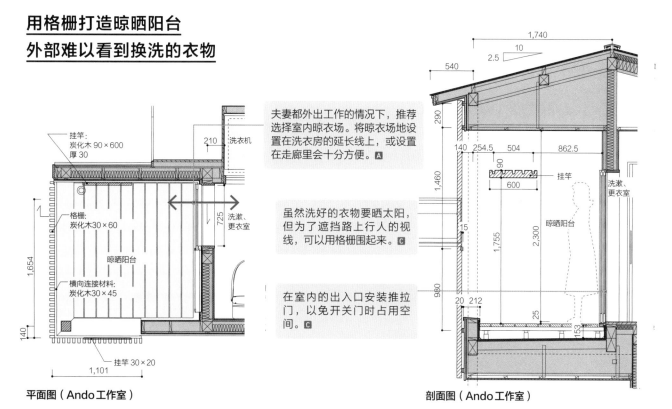

夫妻都外出工作的情况下，推荐选择室内晾衣场。将晾衣场地设置在洗衣房的延长线上，或设置在走廊里会十分方便。A

虽然洗好的衣物要晒太阳，但为了遮挡路上行人的视线，可以用格栅围起来。C

在室内的出入口安装推拉门，以免开关门时占用空间。C

平面图（Ando工作室）

剖面图（Ando工作室）

解说　A Asunaro建筑工房、B 设计生活设计室、C Ando工作室

晾晒衣物的用具尺寸

无论在室内还是室外，洗涤、晾晒工具大多都很笨重，所以一定要掌握所需基本物品的尺寸。在洗衣机和晾晒场所之间的动线上设置收纳场所，可以更顺利地完成家务。

放在阳台周围的物品

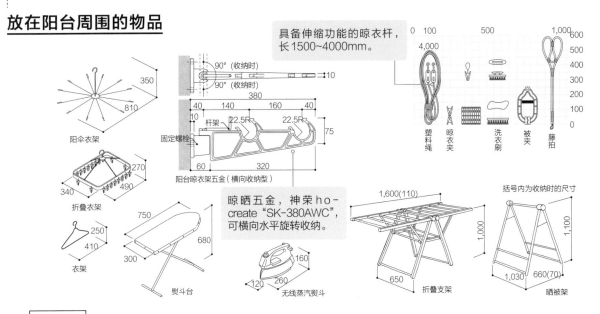

具备伸缩功能的晾衣杆，长1500~4000mm。

阳伞衣架

阳台晾衣架五金（横向收纳型）

折叠衣架

晾晒五金，神荣ho-create"SK-380AWC"，可横向水平旋转收纳。

衣架

熨斗台

无线蒸汽熨斗

1,600(110)

折叠支架

括号内为收纳时的尺寸

晒被架

塑料绳　晾衣夹　洗衣刷　被夹　藤拍

适合阳台的户外家具

很多居住者希望将阳台作为客厅和餐厅的延伸。在纵深2000mm的阳台上安装户外家具，就能为家庭成员提供休闲放松、品茶娱乐的空间。为了防止户外家具暴晒、老化，不使用的时候要盖上专用的罩子，并确保有合适的存放空间（檐下、屋檐下、室内等）。

可放置在阳台和露台上的户外家具

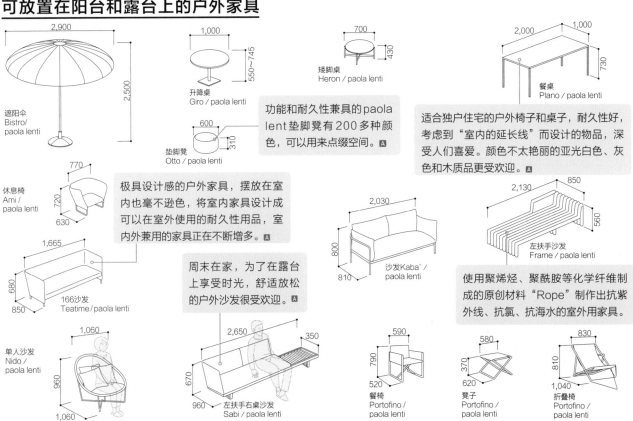

遮阳伞
Bistro/
paola lenti

升降桌
Giro / paola lenti

垫脚凳
Otto / paola lenti

功能和耐久性兼具的paola lent垫脚凳有200多种颜色，可以用来点缀空间。🅰

矮脚桌
Heron / paola lenti

餐桌
Plano / paola lenti

适合独户住宅的户外椅子和桌子，耐久性好，考虑到"室内的延长线"而设计的物品，深受人们喜爱。颜色不太艳丽的亚光白色、灰色和木质品更受欢迎。🅰

休息椅
Ami /
paola lenti

极具设计感的户外家具，摆放在室内也毫不逊色，将室内家具设计成可以在室外使用的耐久性用品，室内外兼用的家具正在不断增多。🅰

沙发Kaba`/
paola lenti

左扶手沙发
Frame / paola lenti

166沙发
Teatime / paola lenti

周末在家，为了在露台上享受时光，舒适放松的户外沙发很受欢迎。🅰

使用聚烯烃、聚酰胺等化学纤维制成的原创材料"Rope"制作出抗紫外线、抗氯、抗海水的室外用家具。

单人沙发
Nido /
paola lenti

左扶手右桌沙发
Sabi / paola lenti

餐椅
Portofino /
paola lenti

凳子
Portofino /
paola lenti

折叠椅
Portofino /
paola lenti

解说　🅰paola lenti（咨询：Arflex）

车库设计以车宽尺寸为基准

停车场可以设置在建筑物的楼板或屋檐下方，也可以设置带有卷帘门的内置车库。此外，还可以根据居住者的意愿设计停车场，比如是否希望在车库里工作、休闲，是否希望从室内观察汽车等。

停车场宽度要考虑开车门尺寸

在严格限制面积的情况下也会限制能停放的车型。在面积充裕的情况下，设想可以停放普通乘用车（全长 4.7m、宽 1.7m、全高 2.0m）。B

设计停车场最重要的尺寸就是车宽。先确定车宽 + 车门开启时的尺寸（双门有后排座椅的车门较大）。车身近年有增大趋势。A

很多人希望为电动汽车配备充电设备，而充电设施的安装位置由电动汽车充电口的位置和线缆的长度决定。另外，充电设备布置在夜间照明能到达的范围，以及雨水淋不到的位置也很重要。E

一般情况下考虑停放轿车❶。有时在郊外住宅中，居住者也会要求按照人数分配停车空间。C

向居住者询问现有车型并进行设计，但要考虑未来更换车辆的情况，并留出充足的空间。D

在车左右两侧的空间中，要充分考虑到车门的打开幅度、人员的通行、行李的取放等情况，留出空间。

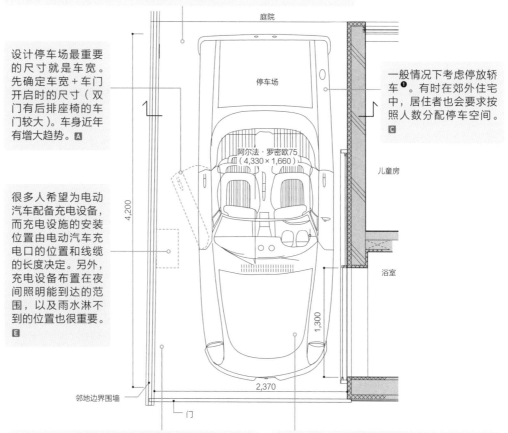

平面图（广部刚司建筑研究所）

在建筑物的二层下方设置停车场

【大】根据用途不同，可以留出现有车型的尺寸 +（600~700）mm 的通道宽度。F

【标准】车辆尺寸左右各确保 +（300~450）mm。B

考虑车身周围的使用情况，如后门打开的轨迹、更换轮胎时的千斤顶的宽度等，并确保足够的空间。

图中的停车场中车辆前后左右的空间十分有限。实际上，应该多留些空间。A

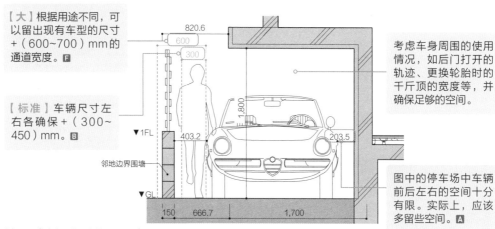

剖面图（广部刚司建筑研究所）

解说　A广部刚司建筑研究所、B Asunaro 建筑工房、C 3110ARCHITECTS 一级建筑师事务所、D 若原工作室、E 设计生活设计室、F 山崎壮一建筑设计事务所

❶ 轿车是车辆的一种，配有三厢（发动机舱、乘坐空间、后备厢）和四个车门。

建造内置车库需要足够的空间

由于内部车库四面都被墙壁包围，考虑到车和周围的动线，对尺寸的研究变得更加重要。另外，顶棚高度要考虑到车身+车门的可移动范围。卷闸门的位置和分隔尺寸等因产品的不同而不同，需要仔细了解。

停放两台车的内置车库

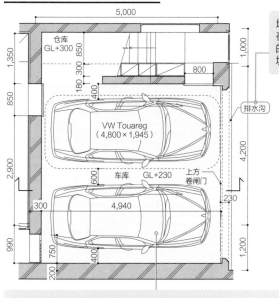

地面排水可以选择1/100的排水坡度，也有中央高四周低的情况。基本上不在半地下场所设置车库，但半地下场所一定要设排水沟。另外，由于很多车的攀爬坡度不一致，因此要根据轮胎之间的距离和前轮凸出部分的长度确定坡度。轮胎之间的距离较短，前轮凸出部分较长的，地面要尽可能平坦。**A**

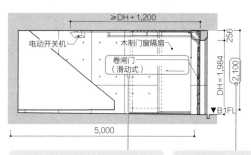

滑动闸门能够将闸门主体收纳进车库天花板中。由于开口高度不同，所需尺寸也不同，因此，安装前要了解清楚产品规格。

内置的情况下，尽量降低天花板的高度（2100mm），顶部可以作为收纳空间。**B**

为了并排停放两辆宽1800mm的车，准备了4040mm×4740mm的空间。考虑到停车前的行为和开关车门，在并排停放的车辆之间预留600mm的空间。**A**

平面图（广部刚司建筑研究所）

剖面图（广部刚司建筑研究所）

可以停车+收纳的内置车库

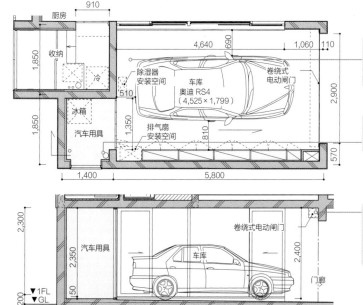

有人希望在车库内安装防潮除湿机，以及大型排气扇等，以便在车库关闭的情况下先启动车辆。设计时记得预留与排气系统尺寸相匹配的空间。**A**

在车库内，除了汽车用品以外，还可以存放自行车、户外用品、雪橇、滑雪板用品等。

平面图
（广部刚司建筑研究所）

卷绕式闸门能够将闸门卷绕到出入口墙壁的支架上。电动式支架外壳的大小根据产品的不同，高度为350~650mm不等，深度为300~600mm不等，安装前请确认。

剖面图
（广部刚司建筑研究所）

解说 **A**广部刚司建筑研究所、**B**设计生活设计室

汽车、摩托车的尺寸和移动轨迹

汽车车库宽度不能小于2.3m，深度不能小于5.0m。摩托车所需的基本宽度不小于1.0m，深度不小于2.3m。这些尺寸因排量、车型以及用途的不同而有所差异，因此需要事先了解居住者拥有的车型。同时我们还要设想停车时的轨迹等，以此来决定车库的大小。

汽车的基本尺寸和轨迹因车型不同而不同

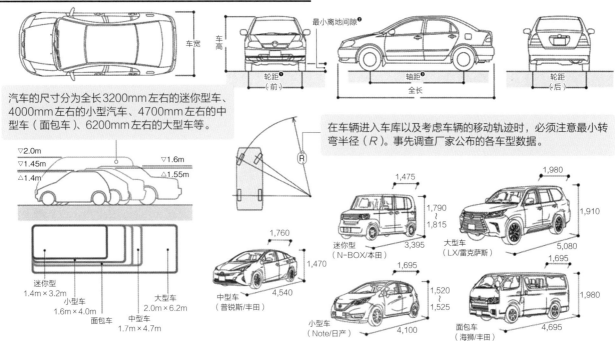

汽车的尺寸分为全长3200mm左右的迷你型车、4000mm左右的小型汽车、4700mm左右的中型车（面包车）、6200mm左右的大型车等。

在车辆进入车库以及考虑车辆的移动轨迹时，必须注意最小转弯半径（*R*）。事先调查厂家公布的各车型数据。

迷你型 1.4m×3.2m
小型车 1.6m×4.0m
中型车 面包车 1.7m×4.7m
大型车 2.0m×6.2m

迷你型（N-BOX/本田）1,790~1,815　3,395
大型车（LX/雷克萨斯）1,980　1,910　5,080
中型车（普锐斯/丰田）1,760　1,470　4,540
小型车（Note/日产）1,695　1,520~1,525　4,100
面包车（海狮/丰田）1,695　1,980　4,695

停车方式不同，移动轨迹也会发生变化

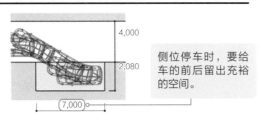

4,000　2,080　7,000

侧位停车时，要给车的前后留出充裕的空间。

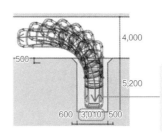

500　4,000　5,200　600　3,010　500

相比侧位停车，倒车入库时左右两侧需留出更多空间。另外，车位的边角位置不能妨碍车辆进出。

摩托车因车型不同，形状差异较大

除排量外，摩托车的尺寸因"小型摩托车""公路摩托车""越野摩托车"等类型和车型的不同而存在较大差异。

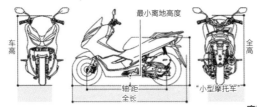

最小离地高度　车高　车宽　轴距　全长　全高　"小型摩托车"

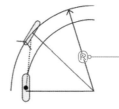

摩托车的最小转弯半径是指在弯曲车把的状态下转弯形成的轨迹。以摩托车为例，在行驶中转弯时，车身会倾斜，所以这一数值可以看作是推车时的轨迹。

摩托车车型尺寸表

排气量/mL	厂商	车型	全长/mm	全宽/mm	全高/mm	轴距/mm	最小离地高度/mm	最小转弯半径/m
126~250（中型）	本田	Rebel 250	2,190	820	1,090	1,490	150	2.8
126~250（中型）	本田	CBR250RR	2,065	725	1,095	1,390	145	2.9
251~400	川崎	Ninja400	2,110	770	1,180	1,410	130	2.7
251~400	本田	CB400SF / SB	2,080	745	1,080S / 1,160	1,410	130	2.6
>401~（大型）	川崎	Z900RS / CAF	2,100	845	1,190	1,470	130	2.9
>401~（大型）	川崎	Ninja1000É S/Z1000	2,100	790	1,185~1,235	1,440	130	3.1

❶ 车辆轮胎中心之间的距离。
❷ 从地表到车体最低处的垂直距离。跑车较低。
❸ 汽车等前轴与后轴之间的距离，也称为轴距。轴距短的车型都很灵巧。

车辆维修、进出车库等所需的尺寸

车库所需的功能不仅仅是停车。人员、行李需要进出，电动车需要充电，还要能进行车辆的维修，也能收纳工具类物品。设计时需要充分设想这些功能所需的空间。

考虑开门和关门等因素的尺寸

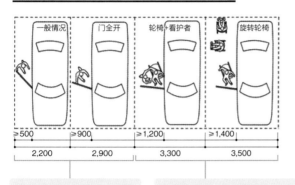

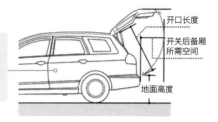

对于从后备厢取放货物，根据车型和车门开关的不同，所需的尺寸也会有所变化。

车门打开情况不同，所需尺寸也存在差异。

使用轮椅时，还需要确认有无看护人员、是否需要旋转轮椅等情况。

电动车所需充电设施和电路的案例（安装在室外）

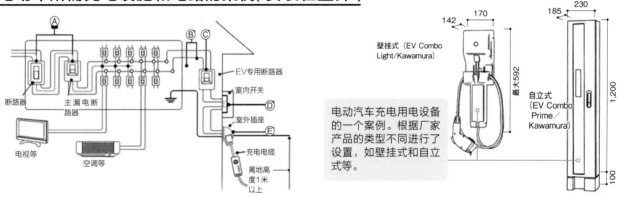

电动汽车充电用电设备的一个案例。根据厂家产品的类型不同进行了设置，如壁挂式和自立式等。

Ⓐ：设置具有充电所需电容量的"断路器"。Ⓑ：将专用机器从配电盘布线至EV充电室外插座。Ⓒ：在配电盘外设置EV专用漏电断路器。
Ⓓ：将室内开关和防滴盒设置在距离地面1m左右的位置。Ⓔ：将EV充电室外插座设置在距离地面1m左右的位置。

更换轮胎所需的尺寸

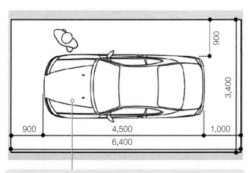

乘用车轮胎的尺寸根据车型的不同存在很大差异，宽度为135~315mm，外径为416~803mm。备胎存放在室内时，由于轮胎橡胶中的成分存在渗出的可能，容易弄脏地板，所以应放置在容易清洁的地方，或在下方垫上厚厚的纸箱等。保存时应避免阳光直射，远离雨、水、油类，避免靠近炉子等热源。

在维修汽车时，为了能够进行顶升等操作，需在前后各留出900~1000mm，左右各留出900mm的空间。更换轮胎时，预计的顶升高度约为200mm。千斤顶的种类大致分为紧凑的菱形架伸缩千斤顶和大型、耐久性强的卧式千斤顶。

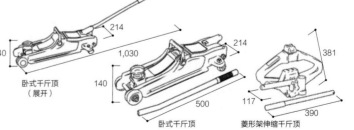

打造自行车停车场时注意动线和自行车的尺寸

自行车停车场的设计要点

如今，没有自行车的家庭很少。有的人因兴趣而拥有多辆自行车，所以要事先确认。此外，自行车的大小，以及自行车的收纳方式和防范措施决定了自行车停车场的大小。另外，还要考虑停放时的动线，以保证在自行车停车场和玄关之间顺利通行。

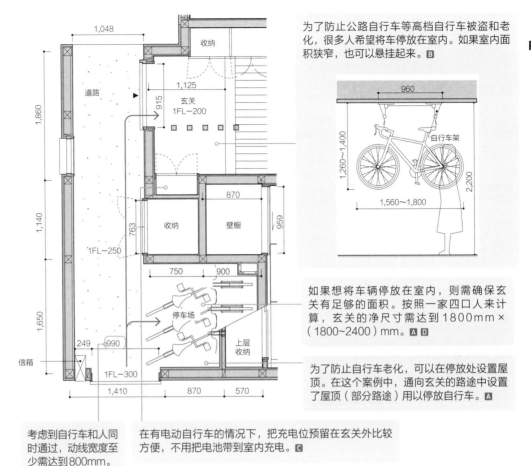

为了防止公路自行车等高档自行车被盗和老化，很多人希望将车停放在室内。如果室内面积狭窄，也可以悬挂起来。**B**

如果想将车辆停放在室内，则需确保玄关有足够的面积。按照一家四口人来计算，玄关的净尺寸需达到1800mm×（1800~2400）mm。**A** **D**

为了防止自行车老化，可以在停放处设置屋顶。在这个案例中，通向玄关的路途中设置了屋顶（部分路途）用以停放自行车。**A**

考虑到自行车和人同时通过，动线宽度至少需达到800mm。

在有电动自行车的情况下，把充电位预留在玄关外比较方便，不用把电池带到室内充电。**C**

平面图
（Ando工作室）

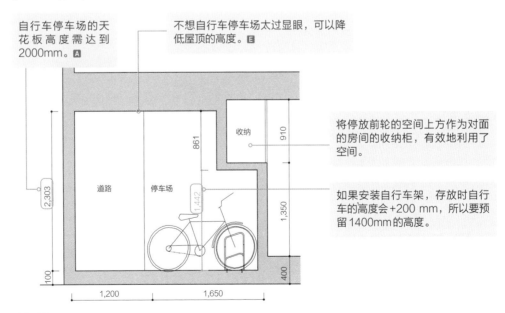

自行车停车场的天花板高度需达到2000mm。**A**

不想自行车停车场太过显眼，可以降低屋顶的高度。**E**

将停放前轮的空间上方作为对面的房间的收纳柜，有效地利用了空间。

如果安装自行车架，存放时自行车的高度会+200 mm，所以要预留1400mm的高度。

剖面图
（Ando工作室）

解说 **A**Ando工作室、**B**广部刚司建筑研究所、**C**Asunaro建筑工房、**D**设计生活设计室、**E**木木设计室

打造容量充裕的 自行车停放空间

如果家里有人喜爱公路自行车，则可能出现一个人拥有多辆车的情况。在这种情况下，还需要设置一个维修处。虽然安装自行车停放架费时费力，且成本很高，但最终可以节省空间，达到有效利用。

各种自行车和用品的尺寸

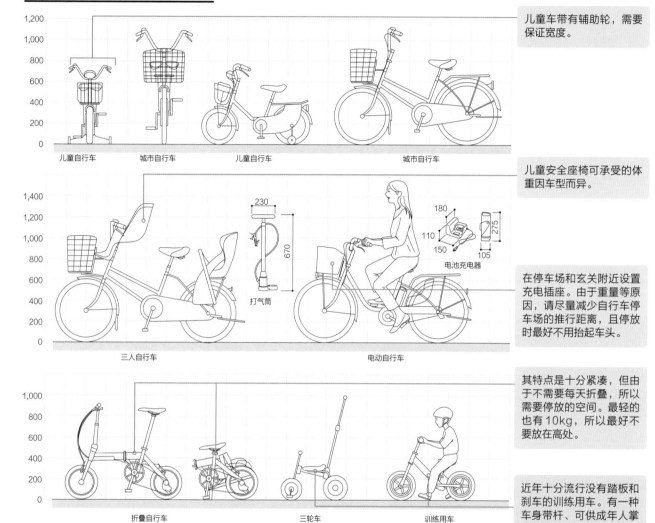

儿童自行车　城市自行车　儿童自行车　城市自行车

三人自行车　电动自行车

230
670
打气筒

180
110
275
150
105
电池充电器

折叠自行车　三轮车　训练用车

儿童车带有辅助轮，需要保证宽度。

儿童安全座椅可承受的体重因车型而异。

在停车场和玄关附近设置充电插座。由于重量等原因，请尽量减少自行车停车场的推行距离，且停放时最好不用抬起车头。

其特点是十分紧凑，但由于不需要每天折叠，所以需要停放的空间。最轻的也有10kg，所以最好不要放在高处。

近年十分流行没有踏板和刹车的训练用车。有一种车身带杆、可供成年人掌舵的三轮车，收纳时需注意高度。

自行车架

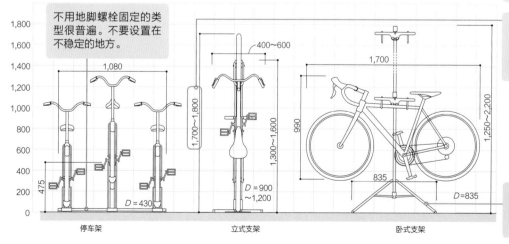

不用地脚螺栓固定的类型很普遍。不要设置在不稳定的地方。

1,080
400~600
1,700~1,800
1,300~1,600
1,700
990
1,250~2,200
475
D = 430
D = 900 ~1,200
835
D = 835

停车架　立式支架　卧式支架

占地面积小，因此十分方便，但要注意的是，必须要有相当于自行车全长的高度。

有的车架类型需要顶住天花板，要确保周围还有维护空间。

停放自行车至少需要
1200mm的高度

如果将室内车库设置成兴趣室，就要知道居住者想在那里做什么。如果自行车算是一项爱好，那就要考虑自行车的停放方式和维护空间。将自行车放入阁楼时，为了便于取放，阁楼高度要达到梁下1200mm以上。

确保阁楼天花板梁下至少有1200mm的高度，是考虑到计划存放的自行车高度（较大的山地车高度为1100mm）。

车库顶棚的最大高度为梁下3500mm。如果设置阁楼，则可以在上方存放自行车，同时有效地使用下方的空间。

高度1400mm左右，可以叠放两层手提包或背包。

将自行车停放在屋内时，应将大门设为推拉门，以便人推着自行车顺利通过。另外，玄关的最小宽度需达到1200mm，这样才能确保无障碍通行。

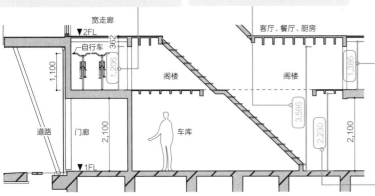

如果天花板高度为2230mm，则可以不使用升降器，直接将自行车抬起，悬挂在天花板的管子上。

剖面图

户外用品资料
汇总

车库里可能会收纳各种物品，如汽车维修用品和户外体育用品等。确保足够的收纳空间非常重要。在此，本书列举了一些在确定车库高度时可供参考的物品尺寸。

户外体育用品

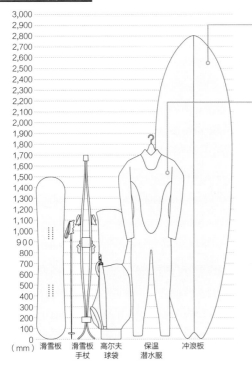

（mm）　滑雪板　滑雪板　高尔夫　保温　冲浪板
　　　　　　　 手杖　球袋　潜水服

冲浪板有很多种尺寸❶。设计前仔细询问居住者，确认尺寸和存储方法。

将保温潜水服（成人用1500mm左右）等放在墙壁上收纳时，最好在稍高于1800mm的位置设置吊钩。保温潜水服的下摆不碰触地面时更容易干燥。

汽车用品

在车上安装滑雪板架或车顶行李箱❷时，停车场的天花板高度和出入口高度还需增加约500mm。

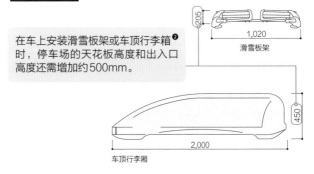

滑雪板架

车顶行李厢

上「HSK」 设计：no.555　照片：铃木龙马

❶冲浪板按尺寸可分为短板、中板、长板三种。短板长度为1600~1900mm，中板长度为2000~2600mm，长板一般超过2740mm。
❷安装在车辆顶部的储物箱，以增加更多的汽车装载空间。

装点室外的植物尺寸

推荐的乔木

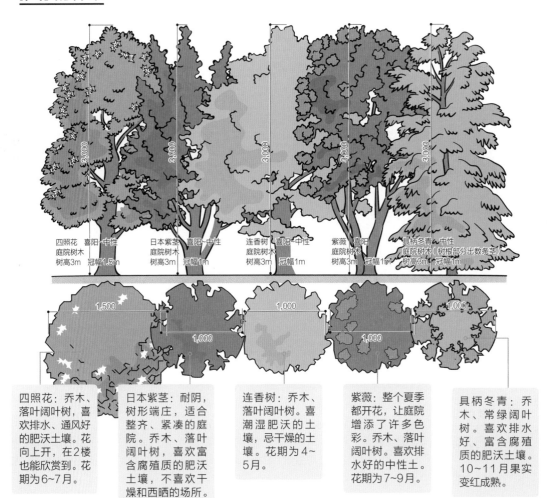

四照花 喜阳~中性
庭院树木
树高3m 冠幅1.5m

日本紫茎 喜阳~中性
庭院树木
树高3m 冠幅1m

连香树 喜阳~中性
庭院树木
树高3m 冠幅1m

紫薇 喜阳
庭院树木
树高3m 冠幅1m

具柄冬青 中性
庭院树木（树根部分出数条茎）
树高3m 冠幅1m

四照花：乔木、落叶阔叶树，喜欢排水、通风好的肥沃土壤。花向上开，在2楼也能欣赏到。花期为6~7月。

日本紫茎：耐阴，树形端庄，适合整齐、紧凑的庭院。乔木、落叶阔叶树，喜欢富含腐殖质的肥沃土壤，不喜欢干燥和西晒的场所。花期为6~7月。

连香树：乔木、落叶阔叶树。喜潮湿肥沃的土壤，忌干燥的土壤。花期为4~5月。

紫薇：整个夏季都开花，让庭院增添了许多色彩。乔木、落叶阔叶树。喜欢排水好的中性土。花期为7~9月。

具柄冬青：乔木、常绿阔叶树。喜欢排水好、富含腐殖质的肥沃土壤。10~11月果实变红成熟。

在居住环境中栽种植物，可以改善生活品质。不仅可以观赏和享受景色，还可以利用植物的性质改善夏、冬的温热环境，遮挡周围视线。此处标注的是住宅中常见的一般庭院树木的尺寸。

推荐的灌木

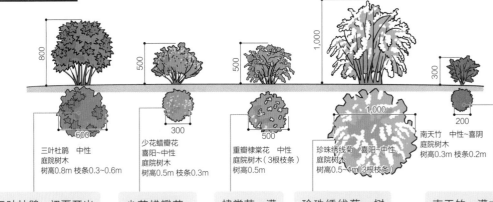

三叶杜鹃 中性
庭院树木
树高0.8m 枝条0.3~0.6m

少花蜡瓣花
喜阳~中性
庭院树木
树高0.5m 枝条0.3m

重瓣棣棠花 中性
庭院树木（3根枝条）
树高0.5m

珍珠绣线菊 喜阳~中性
庭院树木
树高0.5~1m（3根枝条）

南天竹 中性~喜阴
庭院树木
树高0.3m 枝条0.2m

三叶杜鹃：初夏开出鲜艳的花朵。花期虽短，但能让庭院变得五彩缤纷。树形末端逐渐变宽，十分漂亮。灌木、落叶阔叶树，喜欢酸性且排水良好的肥沃土壤。花期为5~7月。

少花蜡瓣花：落叶阔叶树，喜欢光照充足的场所。花期为3~4月。

棣棠花：灌木、落叶阔叶树。喜阳光、半阴凉场所。花期为3~6月。

珍珠绣线菊：树形柔软，很适合搭配直线型的建筑物。能够开出非常漂亮的白花。灌木、落叶阔叶树，花期为3~4月。

南天竹：灌木、常绿阔叶树。喜欢半阴凉场所，以及透气良好的土壤，忌西晒和干燥场所。花期为6~7月，11至次年2月果实变红成熟。

住宅设备的基本尺寸

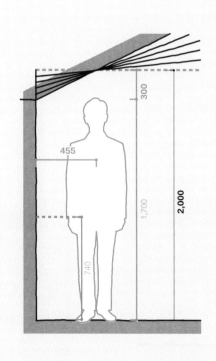

如何有效利用层高

将层高降低到下限的同时，增加空间空气总量

在占地面积狭窄，高度受限的情况下，设计时必须有效利用层高。如果1层很高，楼梯就会变得陡峭，楼梯面积也会增加。此处介绍了如何在将层高降低到下限的同时增加空间空气总量❶的要点。

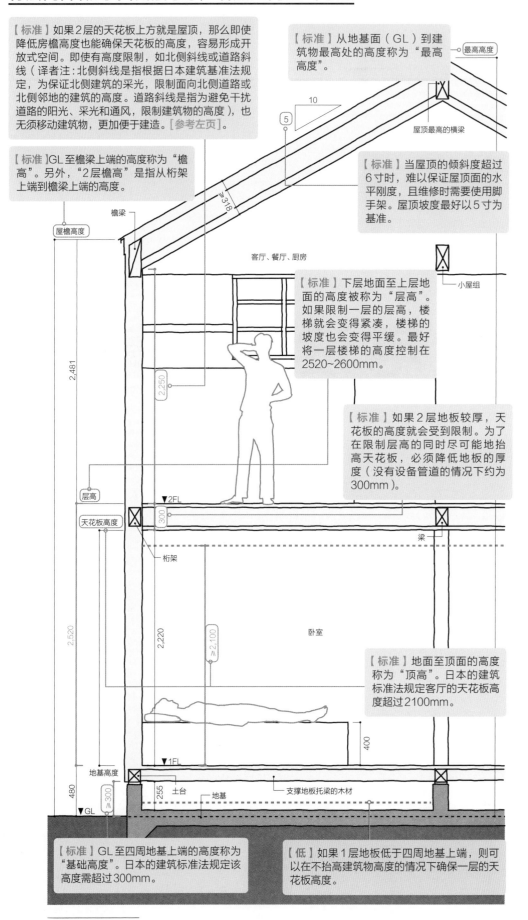

【标准】如果2层的天花板上方就是屋顶，那么即使降低房檐高度也能确保天花板的高度，容易形成开放式空间。即使有高度限制，如北侧斜线或道路斜线（译者注：北侧斜线是指根据日本建筑基准法规定，为保证北侧建筑的采光，限制面向北侧道路或北侧邻地的建筑的高度。道路斜线是指为避免干扰道路的阳光、采光和通风，限制建筑物的高度），也无须移动建筑物，更加便于建造。[参考左页]。

【标准】GL至檐梁上端的高度称为"檐高"。另外，"2层檐高"是指从桁架上端到檐梁上端的高度。

【标准】从地基面（GL）到建筑物最高处的高度称为"最高高度"。

【标准】当屋顶的倾斜度超过6寸时，难以保证屋顶面的水平刚度，且维修时需要使用脚手架。屋顶坡度最好以5寸为基准。

【标准】下层地面至上层地面的高度被称为"层高"。如果限制一层的层高，楼梯就会变得紧凑，楼梯的坡度也会变得平缓。最好将一层楼梯的高度控制在2520~2600mm。

【标准】如果2层地板较厚，天花板的高度就会受到限制。为了在限制层高的同时尽可能地抬高天花板，必须降低地板的厚度（没有设备管道的情况下约为300mm）。

【标准】地面至顶面的高度称为"顶高"。日本的建筑标准法规定客厅的天花板高度超过2100mm。

【标准】GL至四周地基上端的高度称为"基础高度"。日本的建筑标准法规定该高度需超过300mm。

【低】如果1层地板低于四周地基上端，则可以在不抬高建筑物高度的情况下确保一层的天花板高度。

❶室内空气总量。按"建筑面积×（平均）天花板高度"计算。

薄但隔热性能优异的屋顶结构

▷ 日式小屋组的填充隔热（384mm）

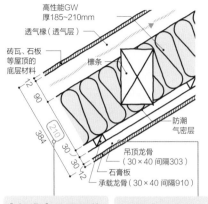

高性能GW
厚185~210mm
透气椽（透气层）
砖瓦、石板
等屋顶的
底层材料
檩条
12
90
210
384
30 30
30 12
防潮
气密层
吊顶龙骨
（30×40 间距303）
石膏板
承载龙骨（30×40 间隔910）

【标准】屋顶隔热的基本形式是在檩条与檩条之间填充185~210mm厚的高性能玻璃棉。

【标准】天花板上方的配线空间可以使用60mm厚的承载龙骨和吊顶龙骨。

▷ 斜梁的填充隔热（318mm）

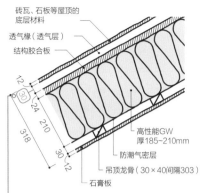

砖瓦、石板等屋顶的底层材料
透气椽（透气层）
结构胶合板
12
90
24
210
318
30 12
高性能GW
厚185~210mm
防潮气密层
吊顶龙骨（30×40 间隔303）
石膏板

【标准】斜梁的间距越小，梁高越低，所以屋顶的厚度往往小于日式小屋组。在结构用胶合板和吊顶龙骨之间加入厚度为30mm的透气椽作为透气层。

▷ 斜梁的外部隔热（156mm）

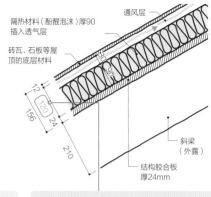

隔热材料（酚醛泡沫）厚90
插入透气层
通风层
砖瓦、石板等屋顶的底层材料
12
120
24
156
90
210
斜梁（外露）
结构胶合板厚24mm

【薄】想要外露斜梁，就要做好外部隔热。结构用胶合板和底层材料之间加入透气椽（高120mm）以确保透气层。这种结构可以说是最薄的屋顶。

倾斜天花板与身高的关系

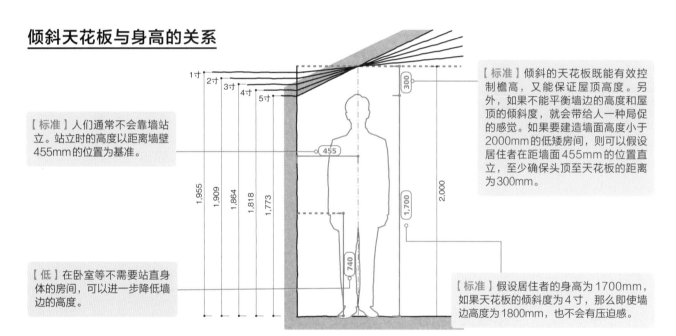

1寸 2寸 3寸 4寸 5寸
300
455
1,955
1,909
1,864
1,818
1,773
1,700
2,000
740

【标准】人们通常不会靠墙站立。站立时的高度以距离墙壁455mm的位置为基准。

【低】在卧室等不需要站直身体的房间，可以进一步降低墙边的高度。

【标准】倾斜的天花板既能有效控制檐高，又能保证屋顶高度。另外，如果不能平衡墙边的高度和屋顶的倾斜度，就会带给人一种局促的感觉。如果要建造墙面高度小于2000mm的低矮房间，则可以假设居住者在距离墙面455mm的位置直立，至少确保头顶至天花板的距离为300mm。

【标准】假设居住者的身高为1700mm，如果天花板的倾斜度为4寸，那么即使墙边高度为1800mm，也不会有压迫感。

2层地板的厚度可以小于400mm

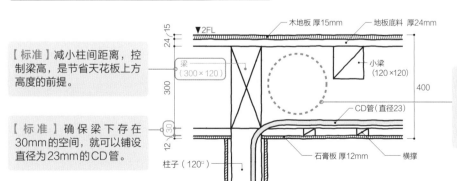

▼2FL
木地板 厚15mm
地板底料 厚24mm
24 15
梁（300×120）
300
30
12
小梁（120×120）
CD管（直径23）
400
石膏板 厚12mm
横撑
柱子（120²）

【标准】减小柱间距离，控制梁高，是节省天花板上方高度的前提。

【标准】确保梁下存在30mm的空间，就可以铺设直径为23mm的CD管。

【标准】卫生间、浴室等的房梁跨度较小，梁高容易变低，但天花板上方需要空间铺设排气管道。如果确保管道和横梁不正交，则2层地板的厚度可以达到400mm。

解说 iplusi 设计事务所

天花板的最低高度

考虑到房屋外观的视觉效果和建造成本，应该尽量降低建筑物整体的高度。由于天花板的高度与建筑物整体的高度存在直接联系，在设计时要尽量控制每一个房间的高度。天花板高度的视觉效果是由天花板的装饰和倾斜度决定的，所以即使天花板的实际高度不高，也不一定就会让室内显得十分狭窄。

除客厅、餐厅外，天花板的高度只需2100mm

【标准】2层客厅、餐厅的天花板上方就是屋顶，这里要确保天花板的高度足够。A

【标准】尽量降低天花板的高度（2100mm），将顶部开辟成阁楼当作室内收纳间。A

【标准】即使倾斜的天花板使厨房墙壁一侧的屋顶变低，2层地板到屋顶横梁下方的最低高度也要有2000mm。这一高度可以避免抽油烟机的排气管道和横梁互相干扰。A

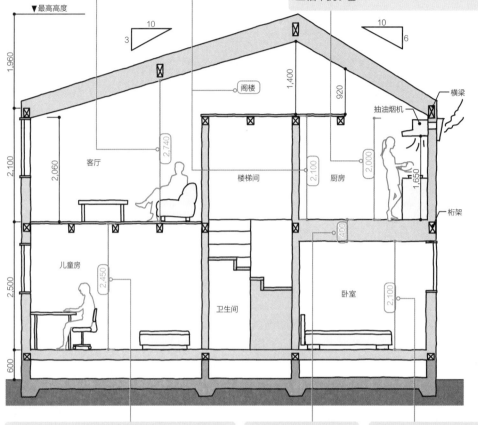

【标准】如果不做吊顶，露出内部构造，那么即使层高2500mm，地面到梁上端的天花板高度也有2450mm。如果在一层布置LDK，则可以根据是否要装吊顶来改变天花板的高度，做到张弛有度，确保空间更加宽敞。A

【标准】考虑到未来的房屋维修，应将2层地板的厚度控制在400mm左右，并保证设备管线不干扰到房屋横梁。A

【标准】卧室和儿童房等单间、洗漱间、储藏室等的天花板高度即使维持在最低值2100mm，也不会显得空间狭小。A

天花板高度不足2100mm的空间也能有效利用

【标准】按照相关规范，即使不使用门窗隔扇和墙壁分隔空间，只要天花板的平均高度超过2100mm，该空间就可以作为单独的房间使用。如果房间的天花板高1800~2000mm，那么就可以当作书房和娱乐室。A

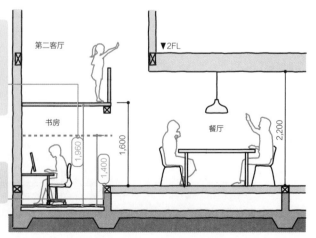

【低矮】楼梯下方和夹层等天花板高度低于1400mm的空间可以当作收纳间。B

解说　A岛田设计室、B NL设计室

要点 01

尽量使用3m木材

建筑材料的成品率是住宅设计时确定天花板高度的重要标准，有效运用住宅用3m木料❶来设置天花板的高度，有助于成本的合理化。相反，如果从半途开始抬高天花板，就需要4m木料，成本也将大幅提高。接下来介绍如何使用3m木料来设置天花板高度。

将客厅靠窗的一角布置成拥有高天花板的开阔空间。通过降低其他房间天花板的高度，能够进一步增加客厅的高度。

【标准】柱子所需的尺寸需根据"SL-梁高＋基础梁榫头高度＋横梁榫头高度"进行计算。基础梁的榫头尺寸为50~60mm，横梁的榫头尺寸为70~80mm，考虑到加工需要，可预留100mm的余量。

【标准】为了使用3m木料，从基础梁上端到横梁上端的距离（SL）必须控制在3000mm以下，这样一来，即便要考虑梁高和天花板的装修情况，也能确保2760mm的天花板高度。

【高】降低地面高度或将屋顶直接当作天花板就能进一步增加天花板的高度。

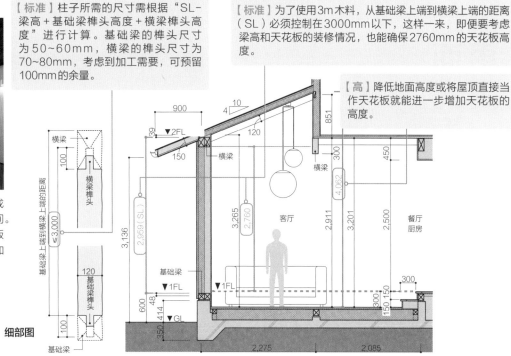

细部图

客厅剖面图

要点 02

2200mm高的开放式空间

现成的住宅用窗框的最大高度为2200mm，如果以此为基准来考虑天花板的高度，就可以在控制建筑物整体高度的同时带来开放感。从地板直到天花板的开口能够让天花板更加明亮，有效改善室内采光。此外，如果设置连窗，提供水平方向的开阔视野，就能打造出开放式空间。

利用缓慢倾斜的屋顶控制建筑物的整体高度，尽可能降低建造时的材料费和施工费。

尽量让露天阳台的平台和室内地板处于同一水平面，这样就能给人一种向外延伸的感觉。但是，考虑到窗框的截面形状，需要设置20mm的高低差。

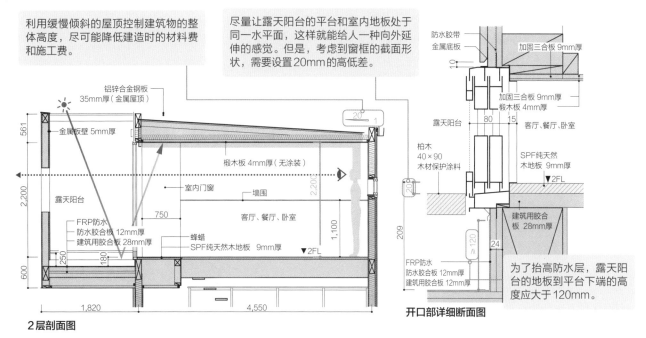

2层剖面图

开口部详细断面图

为了抬高防水层，露天阳台的地板到平台下端的高度应大于120mm。

上"北方住宅" 设计：松本直子建筑设计事务所 照片：小川重雄
下"铁HOUSE" 设计：筑纺

❶住宅用木材的柱材固定尺寸为3m、4m、6m。

降低地面高度，让天花板变得更高

如果1层的地板高度低于地基，就可以在不增加1层层高的情况下抬高天花板。通过降低面向庭院的房间地板等方法，只需改造部分房间，就能让室内空间显得更加宽阔。降低地面的时候，注意不要切断地基周围的隔热材料，同时还要考虑地板下的透气和气密性。

巧妙利用地板下方400mm的空间

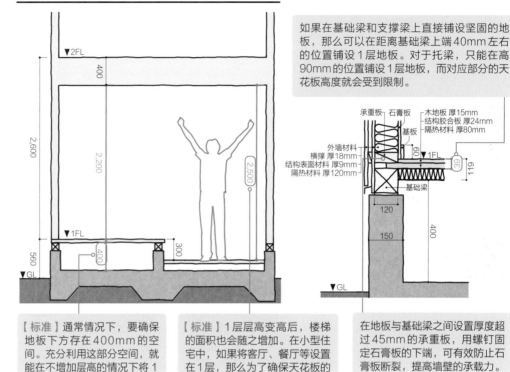

如果在基础梁和支撑梁上直接铺设坚固的地板，那么可以在距离基础梁上端40mm左右的位置铺设1层地板。对于托梁，只能在高90mm的位置铺设1层地板，而对应部分的天花板高度就会受到限制。

承重板　石膏板　木地板 厚15mm
结构胶合板 厚24mm
隔热材料 厚80mm
外墙材料
横撑 厚18mm
结构表面材料 厚9mm
隔热材料 厚120mm
基础梁

【标准】通常情况下，要确保地板下方存在400mm的空间。充分利用这部分空间，就能在不增加层高的情况下将1层的层高抬高约300mm。

【标准】1层层高变高后，楼梯的面积也会随之增加。在小型住宅中，如果将客厅、餐厅等设置在1层，那么为了确保天花板的高度，可以降低这部分空间的地面高度。

在地板与基础梁之间设置厚度超过45mm的承重板，用螺钉固定石膏板的下端，可有效防止石膏板断裂，提高墙壁的承载力。

降低1层地板高度时不能切断隔热管路

▷ 双层墙壁，对齐墙面

如果1层地面低于基础梁，就会堵塞基础梁的通气渠道，所以要采用基础隔热的施工方法。

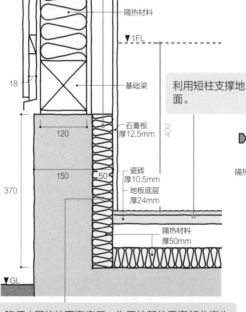

隔热材料
1FL
基础梁
利用短柱支撑地面。
石膏板 厚12.5mm
120
瓷砖 厚10.5mm
地板底层 厚24mm
150
隔热材料 厚50mm
▼GL

降低1层的地面高度后，为了地基的垂直部分产生热桥效应，可以在基础梁下方铺设隔热材料。

▷ 用架子墙壁的高低差

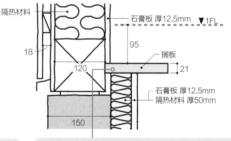

隔热材料
石膏板 厚12.5mm ▼1FL
18
95
搁板
120
21
石膏板 厚12.5mm
隔热材料 厚50mm
150

如果在隔热材料的上端设置搁板等收纳架，就不用担心墙壁的高低差了。

▷ 让基础梁偏移，对齐墙面

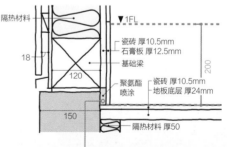

隔热材料
▼1FL
瓷砖 厚10.5mm
石膏板 厚12.5mm
基础梁
18
120
聚氨酯
喷涂
瓷砖 厚10.5mm
地板底层 厚24mm
150
隔热材料 厚50

让基础梁偏向房屋内侧，在隔热管路的断裂部分喷涂聚氨酯涂料。另外，最好不要在基础梁偏移的地基上设置承重墙。

解说　岛田设计室

要点 01

让地面下沉300mm，同时保证透气性

当1层地面高度低于基础梁时，为保证地板下方的通风渠道，通常会采用基础断热工法（译者注：在整体结构的全现浇钢筋混凝土"地下架空层基础"的内部、墙角位置，局部进行围贴保温材料）。但是，如果在节点上多费些功夫，那么即使采用基础断热工法，也可以确保地板下方的透气性。

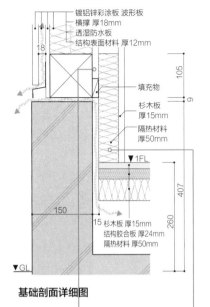

镀铝锌彩涂板 波形板
横撑 厚18mm
透湿防水板
结构表面材料 厚12mm
18
105
9
填充物
杉木板
厚15mm
隔热材料
厚50mm
▽1FL
150
407
260
15 杉木板 厚15mm
结构胶合板 厚24mm
隔热材料 厚50mm
▽GL

基础剖面详细图

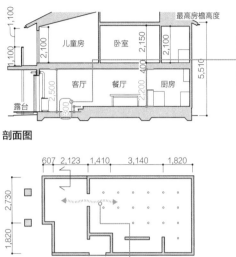

最高房檐高度
1,100
2,100
儿童房　卧室　2,150
2,100
客厅　餐厅　厨房
2,500
2,200
露台
300
5,510
400

剖面图

607　2,123　1,410　3,140　1,820
2,730
1,820
1,005

俯视图

1层客厅的地面高度比餐厅低300mm，缩短了与南面庭院和露台的距离感。

通过降低地面高度，将客厅打造成天花板很高的开放式空间。客厅和餐厅之间的高度差约等于长椅的高度，可以坐在台阶上放松休息。

在基础梁和隔热材料之间设置填充物，以确保建筑骨架内的气密性。

确保地基垂直部分的隔热管路的高度达到基础梁上端。

为了保证客厅地板下方的空气流通，切断部分地基的垂直面，使餐厅、厨房和客厅地板下方的空间形成一个整体。

要点 02

地基深度控制在1m以内

降低1层的地面高度，同时加深地基，就可以在降低建筑物高度的基础上保证天花板高度，即使在高度限制严格的场地上也可以建设3层房屋。如果将地基深度控制在1m以内，就可以用脚手架钢管制作挡土，降低成本。

卧室
2,780
2,580
地板:木地板 厚15mm
木材保护涂料
▽3FL
240
39
天花板:硅藻土墙纸
249
2,380
2,380
餐厅
地板: 木地板 厚14.5mm
装饰梁
▽2FL
51
天花板:硅藻土墙纸
261
基础梁
上端
1,550
日式房间
2,130
▽GL
490
地板: 无边泡沫塑料
榻榻米 厚20mm
360
▽1FL
收纳　收纳
1,820　2,730

剖面图

从楼梯看向玄关。从玄关门（右后方）的位置下三级台阶，就到了玄关土间。

1层的天花板只露出横梁的下端，且使用了与天花板相同的涂装颜色，使得没有底层的天花板变得更高。

从GL开始挖掘700~800mm的地基，并将第1层地面高度设定为GL-360mm。虽然从GL到2层底板梁的高度只有2000mm，但天花板的高度可达2130mm。

1,700
洗衣机
浴室
1,620
玄关
日式房间
900
收纳
壁橱
600
910　910　1,820

1层平面图

在地板下方需要配管的浴室和设有地下收纳的日式房间中，将部分地基向下挖了800mm。

上 "下沉式房屋" 设计：岛田设计室　照片：牛尾千太。
下 "FORT" 设计：JYU ARCHITECT 充综合计划一级建筑师事务所　照片：石井雅义

在切实掌握构造的基础上设计断面。"天井""斜梁""斜梁搭建的天花板""跃层式住宅"等是利用高度进行空间设计的代表性手法，但都要解决结构上的问题。接下来看看关于这些方法的构造上的注意点。

面对天井的外墙要注意风压

▶ ①加入连梁

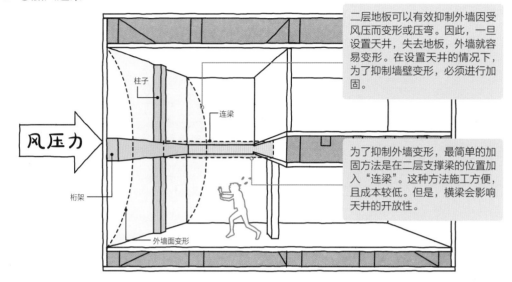

风压力

柱子
连梁
桁架
外墙面变形

二层地板可以有效抑制外墙因受风压而变形或压弯。因此，一旦设置天井，失去地板，外墙就容易变形。在设置天井的情况下，为了抑制墙壁变形，必须进行加固。

为了抑制外墙变形，最简单的加固方法是在二层支撑梁的位置加入"连梁"。这种方法施工方便，且成本较低。但是，横梁会影响天井的开放性。

▶ ②增大桁架的宽度（ W ）

▶ ③增加柱子的宽度（ W ）

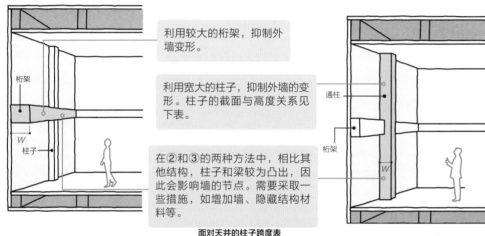

桁架
柱子
W

通柱
桁架
W

利用较大的桁架，抑制外墙变形。

利用宽大的柱子，抑制外墙的变形。柱子的截面与高度关系见下表。

在②和③的两种方法中，相比其他结构，柱子和梁较为凸出，因此会影响墙的节点。需要采取一些措施，如增加墙、隐藏结构材料等。

面对天井的柱子跨度表

负重宽度/mm 柱长/mm	455	910	1,365	1,820	2,275	2,730	3,185	3,640
	宽×高	宽×高	宽×高	宽×高	宽×高	宽×高	宽×高	宽×高
4,200	105×105	105×150	105×150	105×180	105×180	105×210	105×210	105×210
4,500	105×120	105×150	105×180	105×180	105×210	105×210	105×210	105×240
4,800	105×120	105×150	105×180	105×210	105×210	105×240	105×240	105×240
5,100	105×150	105×180	105×180	105×210	105×240	105×240	105×240	105×270
5,400	105×150	105×180	105×210	105×210	105×240	105×240	105×270	105×270
5,700	105×150	105×180	105×210	105×240	105×240	105×270	105×270	105×300
6,000	105×150	105×210	105×240	105×240	105×270	105×270	105×300	105×300

▶ ④用H型钢夹住桁架进行加固

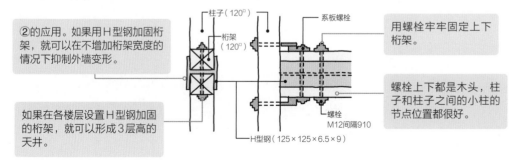

柱子（120°）
桁架（120°）
系板螺栓
螺栓 M12间隔910
H型钢（125×125×6.5×9）

②的应用。如果用H型钢加固桁架，就可以在不增加桁架宽度的情况下抑制外墙变形。

如果在各楼层设置H型钢加固的桁架，就可以形成3层高的天井。

用螺栓牢牢固定上下桁架。

螺栓上下都是木头，柱子和柱子之间的小柱的节点位置都很好。

在不使用小屋梁的情况下抑制倾斜屋顶坍塌

▷ 斜梁的结构弱点

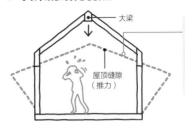

斜梁形式的小屋组由于没有小屋梁，可以利用高度打造开放空间。但是，由于屋顶的负重，大梁容易弯曲，导致屋顶坍塌、变形。

▷ ①抑制大梁的挠度

如果在负重宽度和长度的基础上确保适当的截面尺寸，就可以抑制大梁的挠度。大梁的截面变大，就能形成柱子很少的开阔空间。

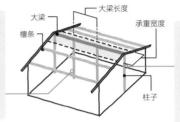

大梁的柱子偏长，容易弯曲。研究木材的尺寸，确保柱子的宽度超过长度的1/33。

大梁的挠度表（金属屋顶、宽度为105mm）

负重宽度/mm	大梁长度/mm	1,820	2,730	3,640	4,550	5,460
910	杉树E70	105	150	180	210	270
	扁柏E90	105	120	180	210	240
1,365	杉树E70	105	150	210	240	300
	扁柏E90	105	150	180	240	270
1,820	杉树E70	120	180	240	270	330
	扁柏E90	105	150	210	270	300

▷ ②用支撑梁抑制屋顶坍塌

在建筑物侧面增加支撑梁，防止房顶坍塌。

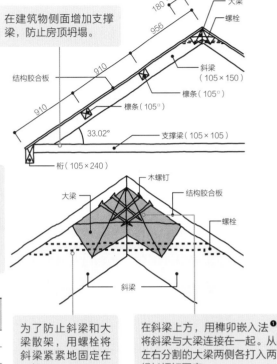

为了防止斜梁和大梁散架，用螺栓将斜梁紧紧地固定在一起。

在斜梁上方，用榫卯嵌入法❶将斜梁与大梁连接在一起。从左右分割的大梁两侧各打入两根长螺钉固定。

上层跃廊的台阶必须在480mm以内

▷ 跃廊的水平刚度难以保证

在上层地板上设置台阶时，需要在上下两层地面之间加入支撑物，使双方融为一体。

上层的地板具有将作用于建筑物的水平力平衡地传递到1层承重墙的作用。跃廊等上层地板存在台阶，如果地板面（水平结构面）缺乏整体性，水平力就不能有效地传递到下层。

▷ ①用高度为300mm的横梁连接小台阶的地板

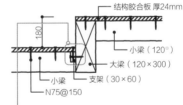

用木螺钉将较低的地板固定在大梁侧面的支架上，固定结构用胶合板后，上下两层地板的水平结构面就能融为一体。

与大梁正交的小梁，用系板螺栓固定。

▷ ②利用高度为300mm的梁×2，可让大台阶达到480mm

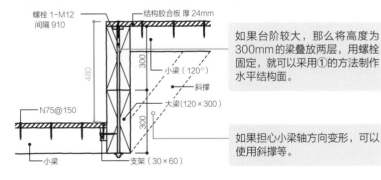

如果台阶较大，那么将高度为300mm的梁叠放两层，用螺栓固定，就可以采用①的方法制作水平结构面。

如果担心小梁轴方向变形，可以使用斜撑等。

解说　山田宪明构造设计事务所

---

❶ 将一根木头与另一根木头正交放置的安装方法。在上下两根木材上凿出槽进行组合。这种情况下大梁跨在斜梁上。

充分利用高度进行空调规划

▷ 空调制冷＋循环器让夏天更凉爽

如果热风直接从送风口吹到人身上，就会导致不适指数上升。如果在空调正下方设置送风口，那么室外空气与空调的送风空气混合，就会让人感到舒适、无温差。使用暖气时，从空调正下方吹来的暖风与室外的冷风混合得恰到好处。

2层的冷气空调所需的最低能力，在将天井包含在建筑面积中的基础上，参考表2，按概算热负荷（W/m²）×建筑面积（m²）计算。按照图中的规模，2层的普通部分为21m²，天井部分为10m²，因此需要200W/31m²，即6.2kW以上的空调。

表1 客厅面积和叶片直径❶

居室面积/m²	叶片直径/mm
约9	910
约20	1,070
	1,220
约36	1,370
约56	1,420
	1,520

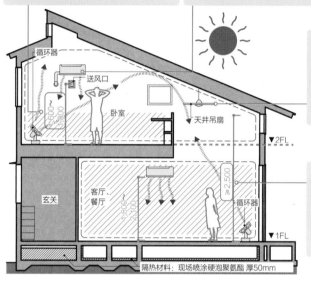

由于2层空调的冷空气会通过天井流到下层，利用具有反向旋转功能的天井吊扇，使其产生向上的对流运动。天井吊扇的叶片尺寸通常为900~1100 mm的机型，但考虑到送风效率，应根据客厅的面积选择合适的尺寸[表1]。

如果天井较大，楼上空调的冷气可以到达下层，则可以只安装一台空调进行制冷。按照图中的规模，以2层面积40m²加上1层面积31m²，共计71m²为基础计算，需要200W/m²×71m²=14.2kW以上的空调。

隔热材料：现场喷涂硬泡聚氨酯 厚50mm

表2 冷却负荷估算值

房屋种类	窗户朝向	估算热负荷/(W/m²)	
		冷气	暖气
多层住宅或独立住宅的客厅（隔热等级3以上，房檐60cm，客厅上方是屋顶）❷	东	220	180
	西	240	
	南	200	
	北	180	

▷ 空调制热＋地暖打造温暖小屋

在不安装天井吊扇的情况下，最好将循环器布置在房间中央，向正上方送风。滞留在天花板附近的暖气可以有效循环到下层。

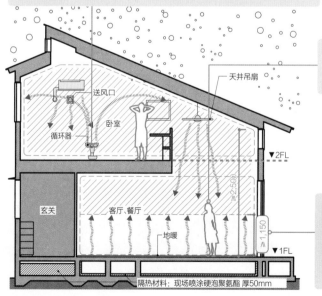

在天花板高度超过2500mm的客厅安装天井吊扇、循环器等空气循环机器，可以提高供暖效率。

通过地暖缓解脚下的寒冷。辐射热能将人坐在椅子上的高度（距地面约1150 mm）的空间室温加热到约20℃。如果消除室内温差，就能降低空调的设定温度，起到节约能源的效果。

隔热材料：现场喷涂硬泡聚氨酯 厚50mm

充分利用高度，改变温

热环境

暖空气上升，冷空气下降。由于这种性质，在天花板高度较高的空间和有天井的房子中，上层和下层的温度容易失衡。但是，如果反过来利用这一现象，用一台空调就可以打造出制冷、制热效率很高的住宅。在此，本书为大家介绍如何有效利用空间高度进行空调规划。

❶ 参考《翰特2018产品目录》（翰特股份有限公司）制作。
❷ 上层为客厅时，校正值不同。

空调制热+天花板式集热换气扇

提高暖气效率的秘诀是将集热管道的吸入口设置在容易积存暖气的室内最上方。

当温度传感器探测到一定温度以上时，集热风扇开始工作。设定温度以15～20℃为宜，如果温度过高，风扇将无法工作。保持空气循环，就能打造四季舒适的环境。

为了有效利用室内上方的暖气，可以利用2层天花板附近的集热管道向1层地板下方送风。在照片的案例中，如果将集热管道隐藏在收纳空间内，就不会破坏房间美观。安装费约为20万日元（约合人民币9500元），比较便宜。

吸入口
集热管道

通过集热管道从2层吸入的暖气，一边加热1层地板，一边通过窗边的出风口再次将暖风送入室内。利用暖气和上升气流加热窗面，防止冷空气进入室内。

地板出风口

吸入口（带金属网）
温度传感器
送风口
卧室
集热管道 φ200
▼2FL
温度开关
客厅、餐厅
玄关
地板检查口600
地板出风口
▼1FL
600
集热管道 φ200
隔热材料：现场喷涂硬泡聚氨酯 厚50mm

如果天井较大，则可以利用集热管道和集热风扇，将积存在2层的暖气送到1层地板下方，提高供暖效率。考虑到上层空调能够覆盖下层，只安装一台空调即可。

如果住宅面积达到100m²，则集热风扇需满足风量300～400m³/h，静压60~80Pa左右。以天井部分气量的1~2次/h为基准，设定风量。

利用地板下方的暖气供暖时，考虑到中央空调等设备的尺寸，地板下方的高度至少应达到600mm。另外，为了防止暖气外流，在地基内侧用现场喷涂硬泡聚氨酯（厚度至少50mm）等方法进行气密性处理。

高窗通风+提高防盗性

虽然存在地域差异，但夏季进入住宅的风通常是由南吹向北。此外，入口侧的窗户和出口侧的窗户的高低差（H）越大，重力换气❶的效果越明显。因此，将天井布置在南侧，利用1层的窗户送风，并在2层北侧设置排气用高窗，提高通风效率。这样一来，夏天不需要空调，可以利用高窗释放热气，冬天则可以释放湿气，防止结露。

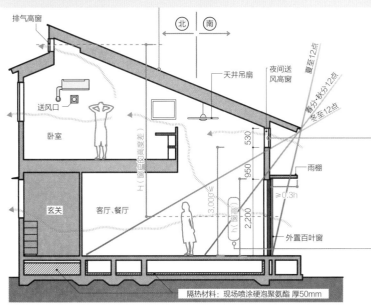
排气高窗
北 南
夏至12点
春分·秋约12点
冬至12点
送风口
天井吊扇
夜间送风高窗
卧室
H（窗户的高度差）
530
950
雨棚
≥0.3h
客厅、餐厅
玄关
3,000
2,200
外置百叶窗
隔热材料：现场喷涂硬泡聚氨酯 厚50mm

送风的窗户，特别是在春季和秋季会经常打开。但是，夜间存在安全隐患。在这种情况下，最好在南面也设置送风的高窗。在高度约3000mm的位置设置高窗，不仅不用担心安全问题，还能确保与北侧排气窗户的高度差。

南面的雨棚和屋檐的理想长度为窗高（h）的0.3倍以上。但是，在太阳高度较低的东、西面，雨棚几乎无法阻挡阳光，因此可以在室外设置百叶窗遮挡阳光。

解说　山田浩幸
图："练马Y邸" 设计：山田机械有限公司　照片：山田浩幸（上、下）、西山辉彦（中）

❶利用空气性质自然换气方法：温度升高时空气向上流动，降低时向下流动。

地板送风式空调安装在近地板位置

建议将地板送风式空调的壁挂机安装在靠近地面的位置。不仅施工方便，也便于清洁和更换设备。为了方便维护和检查，应确保地板下方空间的高度至少达到330mm。如果温度过高，热量就会滞留，影响蓄热，因此最高不能超过700mm。同时使用"地板送风扇"（三菱电机）❶和"微风"（环境创机）❷等循环器，整个房屋都会变得舒适。

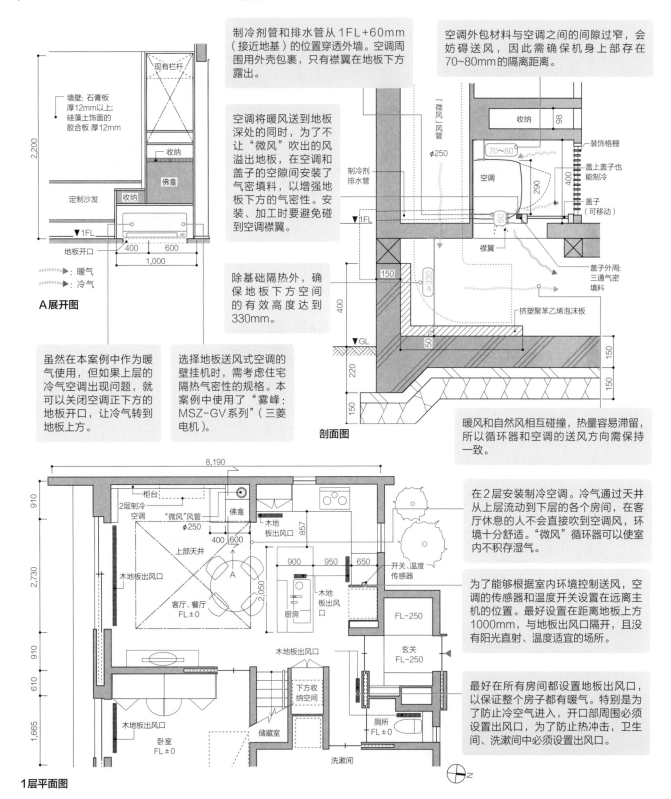

墙壁：石膏板厚12mm以上；硅藻土饰面的胶合板 厚12mm

2,200

现有栏杆

收纳

佛龛

定制沙发

收纳

▼1FL

地板开口

400　600

1,000

⟶⟶⟶：暖气
- - - ：冷气

A展开图

制冷剂管和排水管从 1FL+60mm（接近地基）的位置穿透外墙。空调周围用外壳包裹，只有襟翼在地板下方露出。

空调将暖风送到地板深处的同时，为了不让"微风"吹出的风溢出地板，在空调和盖子的空隙间安装了气密填料，以增强地板下方的气密性。安装、加工时要避免碰到空调襟翼。

除基础隔热外，确保地板下方空间的有效高度达到330mm。

虽然在本案例中作为暖气使用，但如果上层的冷气空调出现问题，就可以关闭空调正下方的地板开口，让冷气转到地板上方。

选择地板送风式空调的壁挂机时，需考虑住宅隔热气密性的规格。本案例中使用了"雾峰：MSZ-GV系列"（三菱电机）。

空调外包材料与空调之间的间隙过窄，会妨碍送风，因此需确保机身上部存在70~80mm的隔离距离。

"微风"风管 φ250

收纳　98

制冷剂排水管

▼1FL

150

≥330

400

▼GL

50

220

150

装饰格栅

盖上盖子也能制冷

空调

盖子（可移动）

70~80　290

400

60

襟翼

盖子外周：三通气密填料

挤塑聚苯乙烯泡沫板

150

150

剖面图

暖风和自然风相互碰撞，热量容易滞留，所以循环器和空调的送风方向需保持一致。

8,190

910

2,730

910

610

1,665

柜台

2层制冷空调

"微风"风管 φ250

佛龛

木地板出风口

上部天井

400 600

A

客厅、餐厅 FL±0

2,050

900　950　650

木地板出风口

厨房

857

开关·温度传感器

FL-250

木地板出风口

玄关 FL-250

木地板出风口

下方收纳空间

储藏室

厕所 FL±0

卧室 FL±0

洗漱间

N

1层平面图

在2层安装制冷空调。冷气通过天井从上层流动到下层的各个房间，在客厅休息的人不会直接吹到空调风，环境十分舒适。"微风"循环器可以使室内不积存湿气。

为了能够根据室内环境控制送风，空调的传感器和温度开关设置在远离主机的位置。最好设置在距离地板上方1000mm，与地板出风口隔开，且没有阳光直射、温度适宜的场所。

最好在所有房间都设置地板出风口，以保证整个房子都有暖气。特别是为了防止冷空气进入，开口部周围必须设置出风口，为了防止热冲击，卫生间、洗漱间中必须设置出风口。

"北村邸" 设计：北村建筑工坊。

❶风管用通风鼓风机。风向相同、转向相反的两个螺旋桨同轴布置的鼓风机。
❷被动式太阳能系统的一种。屋顶表面收集的热量通过天井换气扇送入地板下的混凝土中蓄热，可循环运转。

要点 02

地板送风式空调的配置方式

想要提高地板送风式空调的制热效果，可以将空调的一部分埋入地板下。提高进风口周围的气密性，能够增加送风压力，使地板下方立即变暖。如果全年使用，则可以将空调安装在地板上方，这样一来，夏季也能从地板下将冷气输送到室内。在这种情况下，因此，必须做好隔热和密封。

▷ **半埋在地板下（制热专用）**

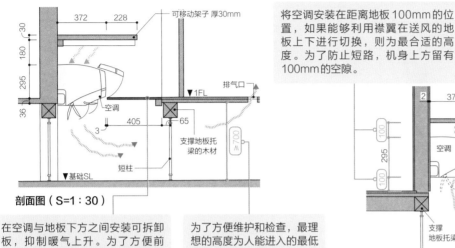

剖面图（S=1：30）

在空调与地板下方之间安装可拆卸板，抑制暖气上升。为了方便前盖的开合，板子和机身之间留有约3mm的间隙。

为了方便维护和检查，最理想的高度为人能进入的最低高度（至少700mm）。

▷ **安装在地板上方（制热/冷兼用）**

将空调安装在距离地板100mm的位置，如果能够利用襟翼在送风的地板上下进行切换，则为最合适的高度。为了防止短路，机身上方留有100mm的空隙。

空调正面安装有磁吸式百叶窗（开口率70%），考虑到制冷送风的效率，下方留有110mm的空隙。

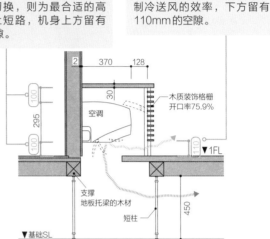

剖面图

要点 03

土壤蓄热式暖气的地板厚度需超过150mm

如果使用土壤蓄热式暖气❶，最好在地基上直接浇筑砂浆，制作土间。从蓄热的角度来看，板的厚度最好超过150mm。在本案例中，1层的大部分地面为砂浆土间，部分地面设置了台阶，并铺设有木地板，作为LDK。如果在2层设置天井，那么来自1层地板的辐射热能够让2层变暖，供热效果更好。

如果板下的发热板和管道互相干扰，模块就会开裂，造成暖气泄漏。尽可能地归拢排水渠道。

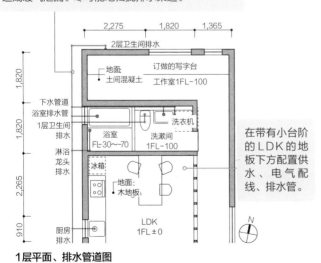

1层平面、排水管道图

为了防止储存在地板下的热量流失，在地基上升的部分注入厚度为50mm的挤塑聚苯乙烯泡沫塑料板，并做好外隔热。

如果不能直接向外铺设管道，那么可以将排水管改为板下管道。

在带有小台阶的LDK的地板下方配置供水、电气配线、排水管。

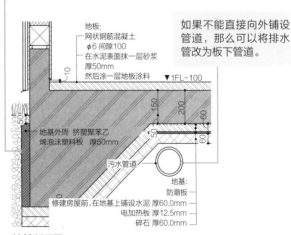

地基断面图

上左"野原之家" 设计：能源城市建设公司，上右"真鹤之家" 设计：橘子组
下"SRM" 设计：no.555

❶利用地基下方的土壤作为蓄热材料，使整个房屋保持适宜温度的供暖系统。

人们往往认为隐蔽式空调设备和管道空间只需维持在最小限度内。但实际情况是，这个空间不能只安装机器本体和配管，还要考虑施工、维修、堵漏措施等，所以要确保合适的空间高度。在此，本书为大家介绍各种设备的配管、机器的尺寸，以及施工所需的高度。

厨房换气预留400mm，卫浴换气预留300mm

为防止排气口盖子下方溅起的雨水和管道内部产生的结露水滴落到室内，排风管向外的倾斜度不能低于1/100，送风管向外的倾斜度不能低于1/30。

普通抽油烟机的排气管道直径约为150mm，但为了缠绕防火用隔热材料，预留直径应达到250mm左右。另外，考虑到顶部的悬挂空间和底部的连接空间，天花板的上方空间需达到375mm以上。

天花板嵌入式换气扇主体高度由所需性能决定，通常为184~240mm。浴室烘干机的主体高度由所涉及的房间数决定，1室约为170mm，2室约为240mm。除了器械的高度外，还需要在天花板上层增加50mm的悬挂空间。

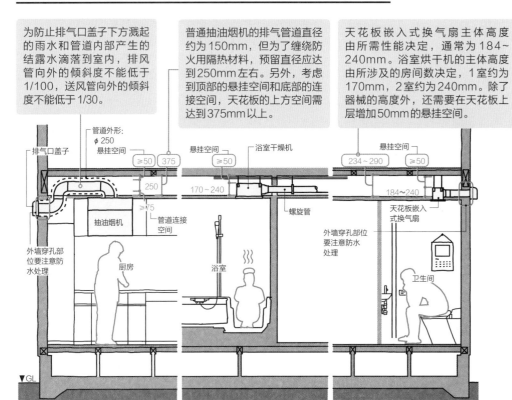

空调的天花板预留尺寸由管道坡度1/50决定

天花板嵌入式空调可以自由配置，因此照明和空调规划变得十分简单。如果机器的位置越靠近房屋中央，与室外机的距离越远，为了确保天花板内的制冷剂管和排水管的坡度（1/50以上），必须增加天花板上层的高度。

壁挂式空调也与天花板嵌入式空调一样，需要考虑天花板上层管道的必要坡度。此外，室内机主体上下左右各需要留出50mm的空隙。

高度尺寸不仅会影响室内机，室外机也会受到影响。一般室外机的高度为500~650mm。如果安装空间较小，将室外机分为上下两层，那么也会影响墙面上的开口位置。

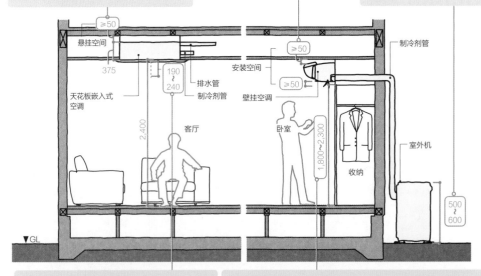

对于在维护期间需要打开和关闭金属格栅❶的设备，需要在设备下方预留190~240mm的空间，因此应在配置家具和收纳空间时考虑预留空间。

考虑到冷热循环和遥控操作，安装壁挂空调的天花板高度应小于2400mm。安装高度为距地面1800~2300mm的位置，因此空调正下方可以作为收纳空间。在不适合设置收纳的上层空间布置管道更为合理。

解说　山田浩幸

❶用于空调和换气的出风口及吸入口的格子状金属板。

要点 **01**

天花板嵌入式空调的资料汇总

天花板嵌入式空调更多出现在商用场合，但近年来，越来越多的人喜欢面积小、功能性强、设计性高的住宅，因此出现了在住宅中使用的小型天花板嵌入式空调。不过，部分机型需要确保天花板上层留有超过300mm的空间，因此设计时需注意不能与房梁互相干扰。

▶ 天花板嵌入式空调室内机的基本尺寸

不同制造商的室内机尺寸不同，有的室内机周围需要距外墙1000mm，而有的只需要100~200mm。

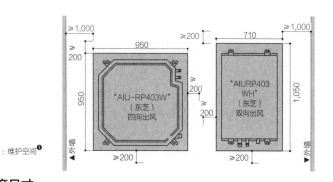

■ ：维护空间❶

▶ 天花板嵌入式空调室内机、室外机的高度尺寸

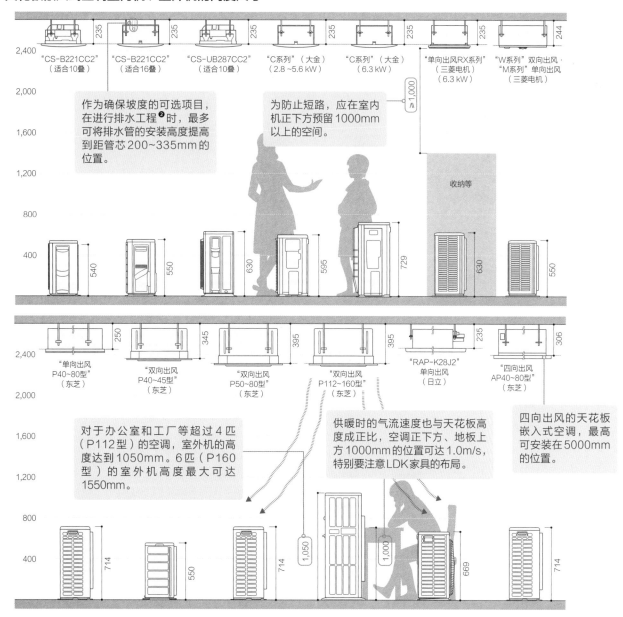

❶表示与检查口的分离距离。
❷用泵装置向上排水，确保顺畅排水。

天花板换气扇和浴室烘干机的资料汇总

最近，很多人不喜欢将洗好的衣物挂在室外晾晒。一台拥有暖气、换气、干燥功能的浴室干燥机，以及天花板嵌入式换气扇都是新建住宅的标准通风设备。为了方便布局，不仅要掌握机器的尺寸，还要考虑机器周围的管道，确定必要的尺寸。

▷ 换气管道最大弯曲尺寸

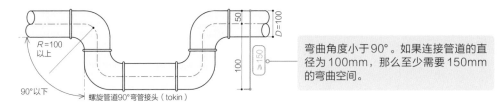

弯曲角度小于90°。如果连接管道的直径为100mm，那么至少需要150mm的弯曲空间。

▷ 天花板嵌入式换气扇

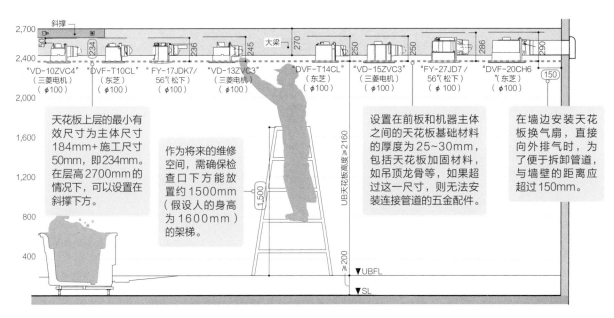

天花板上层的最小有效尺寸为主体尺寸184mm + 施工尺寸50mm，即234mm。在层高2700mm的情况下，可以设置在斜撑下方。

作为将来的维修空间，需确保检查口下方能放置约1500mm（假设人的身高为1600mm）的架梯。

设置在前板和机器主体之间的天花板基础材料的厚度为25~30mm，包括天花板加固材料，如吊顶龙骨等，如果超过这一尺寸，则无法安装连接管道的五金配件。

在墙边安装天花板换气扇，直接向外排气时，为了便于拆卸管道，与墙壁的距离应超过150mm。

▷ 浴室烘干机

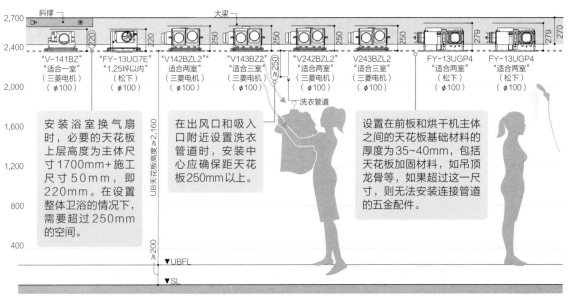

安装浴室换气扇时，必要的天花板上层高度为主体尺寸1700mm + 施工尺寸50mm，即220mm。在设置整体卫浴的情况下，需要超过250mm的空间。

在出风口和吸入口附近设置洗衣管道时，安装中心应确保距天花板250mm以上。

设置在前板和烘干机主体之间的天花板基础材料的厚度为35~40mm，包括天花板加固材料，如吊顶龙骨等，如果超过这一尺寸，则无法安装连接管道的五金配件。

解说　山田浩幸

要点 03

2层整体卫浴的地板下层和天花板上层

安装整体卫浴时，按照制造商的标准，地板下方所需的尺寸为380~400mm。天花板上层需要380❶~400mm的空间安装弯曲管道。但是，在斜线限制的影响下，如果将浴室设置在2层，那么地板下方或天花板上方的空间就需要随之调整。另外，如果2层房檐高度不能达到2600mm，则必须在梁上打贯通孔。

▷ 地板下沉的情况

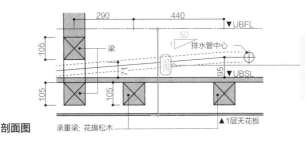

剖面图 承重梁：花旗松木

如果采用下沉式❷整体卫浴，那么可以在地板下方200mm的位置设置排水管。承重采用了105mm方形花旗松木，地板下方的空间尺寸应小于400mm。

▷ 地板抬升的情况

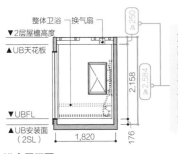

浴室展开图

如果1层空间较大，梁高增加，考虑到空间的美观，必须抬高浴室的地板。天花板上层需要250mm（根据制造商的标准）的空间，层高约为2600mm。

▷ 用钢制斜撑增加浴室天花板上层空间

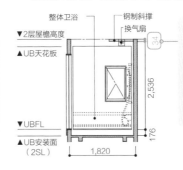

浴室展开图

如果不能保证层高，那么可以用钢制斜撑增加天花板上层的空间。管式钢制斜撑的直径约为φ34mm，与普通的方形木制斜撑相比，可节省56mm，确保了管道和检修空间。

要点 04

烘干机在上，洗衣机在下

无须施工即可安装的气体干燥机的需求正在增加。安装在洗衣机上方，不仅可以有效利用天花板附近的空间死角，漂洗结束后也方便转移。但是，在波轮洗衣机上安装烘干机，天花板的高度需达到2300mm左右。也可根据自己的需要，有效利用横向空间，打造美观、大方的室内装饰设计。

▷ 无法确保天花板高度的情况

洗漱间
展开图、剖面图

在倾斜的天花板等无法确保天花板高度的情况下，布局可以左右错开。烘干机的下方还可以摆放吸尘器等物品。

▷ 天花板高度达到2300mm的情况

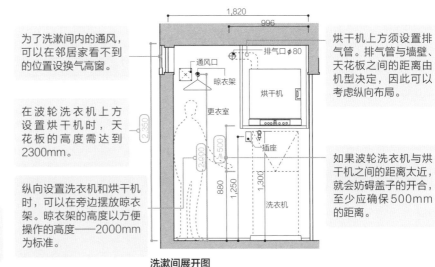

洗漱间展开图

为了洗漱间内的通风，可以在邻居家看不到的位置设换气高窗。

在波轮洗衣机上方设置烘干机时，天花板的高度需达到2300mm。

纵向设置洗衣机和烘干机时，可以在旁边摆放晾衣架。晾衣架的高度以方便操作的高度——2000mm为标准。

烘干机上方须设置排气管。排气管与墙壁、天花板之间的距离由机型决定，因此可以考虑纵向布局。

如果波轮洗衣机与烘干机之间的距离太近，就会妨碍盖子的开合，至少应确保500mm的距离。

上"UMIZO HOUSE"
下右"奏和弦之家"，下左"五颜六色之家" 设计：北村建筑工房 下左"马绢之家" 设计：Asunaro建筑工房 下右"镰仓·大町之家" 设计：NL设计室

❶高360mm梁能够隐藏的最小尺寸。
❷本案例中使用了"SAZANA S系列"（TOTO）。

确保底层地板下方至少高200mm

地板下的排水管道的必要尺寸由管道口径和排水管的坡度决定。为了确保坡度，有时会直接将管道埋在地基下方，但这样一来便没有了维修空间，所以绝对不可取。设计时要在充分考虑维修方案的基础上，确保合理的管道空间。

排水管规划基础

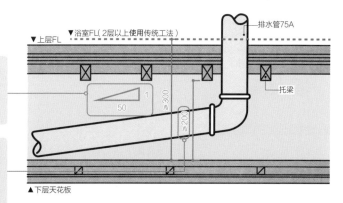

排水坡度一般以建筑物内 1/50、建筑物外 1/100 为标准，但对于容易堵塞异物的小口径管道，需要更大的坡度。

必须确保地板下方存在 200mm 以上的有效空间，否则很难安装排水管。在 2 层以上设置传统浴室时，需要 300mm 以上的空间进行防水处理。

通常情况下，需将卫生间的污水和厨房、浴室等的下水分流，因此需要两根排水竖管。通过竖管从 3 层或更高楼层排水时，最好另设通风管❶，以调节排水管道的压力。随着通风管数量的增加，管道井需要 3 个竖管空间。

排水通风管必须开在该楼层最高卫生器具高度线（溢出线）上方 150mm 以上的位置。

在排水横管中安装通风管时，地板下方需存在 300mm 以上的有效空间。排水管之间相互交错时，虽然要根据交错高度决定空间的大小，但同样要保证 300mm 以上的有效空间。

▨：管道井
▨：下方排水间

2 层以上的排水竖管和 1 层（最低层）的排水管，在排水管发生堵塞时，为了防止水从 1 层的器具中喷出，原则上不应合流。

通风管的开口高度应至少超过门窗上端600mm

通风管通向室外的部分会释放出下水道管道的臭气。因此，在客厅的窗户、通风口、出入口上端 600mm 以上的位置设置通风管开口（末端）。

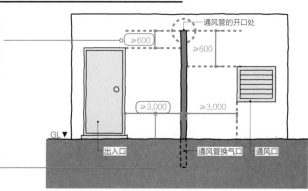

如果不能在 600mm 以上的位置设置通风管开口，那么必须将通风管开口与出入口等的水平距离控制在 3000mm 以上。

❶ 用于排水管内的空气流通，缓解管内压力波动的管道。用于重力式设备管道。

厕所排水管地板下方高度至少180mm

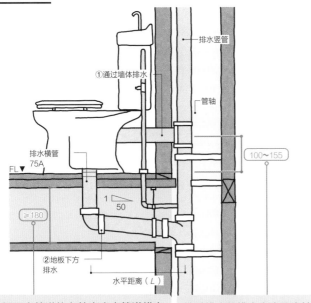

排水竖管
①通过墙体排水
管轴
排水横管
75A
FL▼
1/50
≥180
②地板下方
排水
水平距离（L）
100～155

地板下方管道的有效高度由管道横向距离（L）乘以坡度确定。距离排水汇合点越远，所需的坡度越大，所以要尽可能地将卫生器具布置在管道竖井附近。对于普通污水管道（75A），地板下方的有效尺寸至少应达到180mm❶。

墙壁排水的排水高度距离地面的高度分别为100mm、120mm、155mm。新建房屋多以120mm为标准。

传统浴缸（2层以上）地板下方的高度

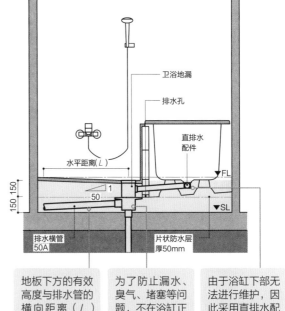

卫浴地漏
排水孔
直排水配件
水平距离（L）
FL
1/50
150 150
▼SL
排水横管
50A
片状防水层
厚50mm

地板下方的有效高度与排水管的横向距离（L）成比例。确定尺寸时需考虑排水管长度×坡度（不小于1/50）。

为了防止漏水、臭气、堵塞等问题，不在浴缸正下方设置排水管，使用卫浴的地漏（带防水盘）等排水。

由于浴缸下部无法进行维护，因此采用直排水配件（横向）直接连接浴缸排水管。

循环通风管❷所需的有效高度

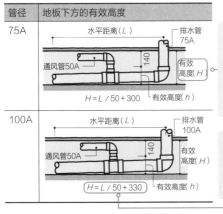

管径	地板下方的有效高度
75A	水平距离（L） 排水管75A 通风管50A 140 有效高度（H） H=L/50+300 有效高度（h）
100A	水平距离（L） 排水管100A 通风管50A 140 有效高度（H） H=L/50+330 有效高度（h）

利用水平距离（L）和坡度计算出的有效高度（h），加上循环通风管50A的安装高度140mm所得的数值。采用75A排水管时，可以使用40A的通风管。

循环通风管的口径应为排水横管的一半（最小口径不超过40A）。排水管100A的循环通风管的尺寸为50A。

管径的尺寸和用途

管径		主要用途
60	65A	厨房、浴室
89 75A	100A 114	坐便器
140 125A	150A 165	室外排水

排水管的尺寸由卫生器具的连接口径决定，应按照其用途，选择相匹配的规格。然而，即使是连接口径为30A的器具，管道的最小口径也应达到40A或更大。考虑到堵塞和气流等问题，最好使用尺寸大一号的材料。

地板下排水管所需的有效高度

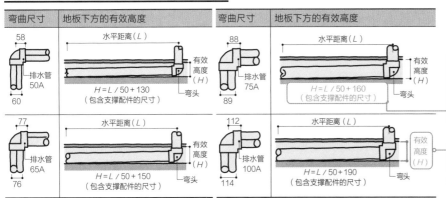

弯曲尺寸	地板下方的有效高度	弯曲尺寸	地板下方的有效高度
58 排水管50A 60	水平距离（L） 有效高度（H） H=L/50+130（包含支撑配件的尺寸）弯头	88 排水管75A 89	水平距离（L） 有效高度（H） H=L/50+160（包含支撑配件的尺寸）弯头
77 排水管65A 76	水平距离（L） 有效高度（H） H=L/50+150（包含支撑配件的尺寸）弯头	112 排水管100A 114	水平距离（L） 有效高度（H） H=L/50+190（包含支撑配件的尺寸）弯头

在必要坡度的基础上，加上支撑配件的最小尺寸120mm，再加上10mm的间隙。尺寸超过65A后，加上与50A的弯头部分的尺寸差即可。

使用管径125A时，在管径100A的情况下计算出的有效高度+30mm即可。

解说 山田浩幸

❶计算时假设水平距离（L）为1000mm。
❷确保连接到一根排水横管的两个或两个以上地漏的密封深度的一根通风管。

洗碗、洗漱、洗澡等日常生活的活动中，热水供应已必不可少。如今，除了煤气热水器，还可以选择利用大气中热量的热泵式热水器。在掌握居住者什么地方、什么时候、使用多少热水的基础上，注意机器和管道的限制，就能打造出舒适、高效的热水器配置和管道。

热水器主体周围的间隔距离

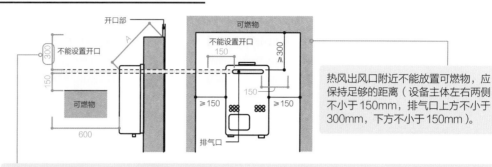

热风出风口附近不能放置可燃物，应保持足够的距离（设备主体左右两侧不小于150mm，排气口上方不小于300mm，下方不小于150mm）。

为防止废气和热量从排气口流入室内，不能在排气口上方300mm、下方150mm、左右两侧各150mm、前方600mm的范围内设置开口。但是，如果排气口与开口处的实际长度（图中的A）达到600mm，那么就可以设置。

再次加热的管道高度差容限

▷ 浴缸低于热源机时

热源机下端至循环口的距离小于3m，再次加热的管道长度应尽量控制在15m以内。管道越长，浇水时间越长，再次加热的效率越差。

▷ 浴缸高于热源机时

在上层安装浴缸时，热源机下端至浴缸上端的高度应控制在7m以内。

▷ 浴缸与热源机之间有障碍物时

为了越过障碍物而铺设管道时，配管的高度差均需控制在3m以内。

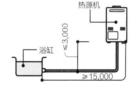
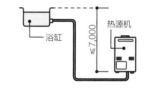
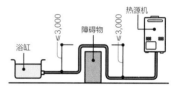

EcoCute基础安装高度

热泵机组与热水罐分开安装时，管道总长度不能超过5m，折弯不超过5处。没有凸形管道，或只有一处凸形管道的情况下，高度差应控制在3m以内。另外，设备相邻时，需在设备间预留600mm以上的维护空间。

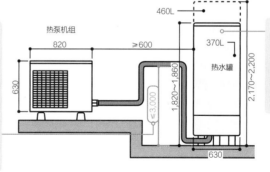

热水罐的尺寸由容积决定。主要厂商销售的热水罐的容量分为两种。三四口之家适合370L，五至七口人适合460L。

不在同一层的浴缸高度限制

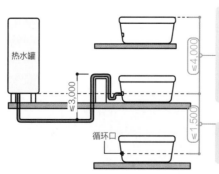

将浴缸设置在上层时，只要储水罐的安装面到浴缸的上端高差在4m以内，就可以安装一般的机种（调整前的供水压力约为200kPa）。最近，市场上出现了比过去的高压机型功能更强的机型（调整前的供水压力约为320kPa）。这类设备可以安装在4~7m的安装面高差范围内，在3层也可以自动向浴缸和淋浴提供热水。

如果储水罐安装面到循环口的高差小于1.5m，就可以向低于热水罐的浴缸自动供应热水。

解说　山田浩幸

插座高度取决于用途

插座和开关的高度取决于机器形状和插拔的频率。尽量具体地设想每个房间的用途、面积、使用设备等，设计出适合居住者身高和生活方式的配置。在此，本书针对各类机器的插座高度进行说明。

插座和开关的基本高度

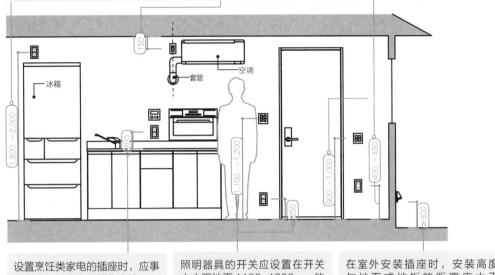

冰箱插座设置在高于冰箱上端的位置。选择容易看见、方便打扫的位置，就可以防止灰尘附着，避免引发火灾。

空调插座的中心线应与套管中心对齐，设置在天花板下方150mm的位置。

如果家庭中有老人，或者未来有可能存在身体素质衰退的人，为减轻操作时的腰腿负担，最好在基础高度的基础上抬高约200mm。

设置烹饪类家电的插座时，应事先考虑机器的实际操作方法。一般情况下，适合的高度为距离机器水平面200mm的位置。

照明器具的开关应设置在开关中心距地面1100~1200mm的位置。在开关正下方250mm的位置设置插座，不仅便于使用，而且可以减少被家具遮挡的可能性。

在室外安装插座时，安装高度与地面或地板的距离应大于300mm，并使用防雨插座或安装在防水箱中。

适合清洁设备的插座高度

▷ **带线的吸尘器**

对于带线的吸尘器，可以在走廊设置吸尘器的插座。由于拔插频率较高，可以稍稍将插座位置提高至300~400mm。

▷ **无绳吸尘器**

由于无绳吸尘器每次使用前都需要充电，所以在收纳间侧面的墙面上设置了900mm高的插座，用起来十分方便。

▷ **扫地机器人**

扫地机器人能够有效清扫收纳间和楼梯下方，在距离地面150mm的位置设置充电基站的插座，不会十分显眼。

插座的类型

▷ **USB型**

无须电源适配器即可为智能手机和平板电脑充电。适合设置在桌面上方200mm的位置。

▷ **地板型**

平时收纳在地板内，使用时才会弹出，可以设置在远离墙壁的位置。

▷ **防水型**

适合户外电源的安全插座，可用在花园或阳台，安装位置应距地面300mm以上。

▷ **磁吸型**

磁吸式插口，即使卡在电线上也可很方便地取下。有老人的家庭可以放心使用。

解说　山田浩幸

高度 隐藏照明灯具时的必要

照明设备的高度由其配置决定，适当的高度能够呈现出迷人的效果，反之则会破坏空间设计的效果。安装的位置、照明度角、亮度，以及光色的细微差异都会影响整个空间的印象。在此，本书针对与天花板高度相适应的筒灯和间接照明器具的大小、类型，以及选择方法进行说明。

天花板高度决定筒灯的直径

为了不破坏空间的整体效果，需尽量控制筒灯的开口直径，以 φ75mm 为标准。但是，如果天花板变高，为了保持照明度，也需要更大尺寸的灯具。天花板高度超过 2800mm 时，只要不抬头就很难看到灯具，因此可以设置直径超过 100mm 的灯具。

对于住宅来说，如果天花板上层预留了 200mm 的空间，那么可以安装几乎所有类型的筒灯。有些灯型不仅深度有要求，还带有电源变压器等附属设备，此外，施工时也需要一定的高度，设计时需仔细确认灯具器具的规格。

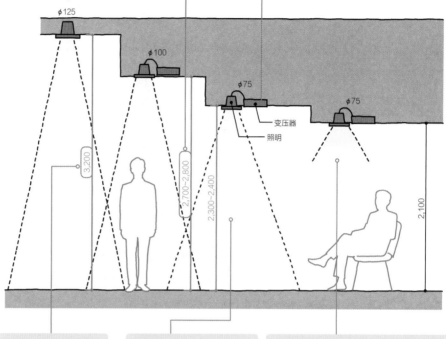

在天花板高度不同的位置以相同的亮度照亮相同面积的地板时，天花板越高，所需灯具的光量（lm）越大，光照度就❶越小。

插座型筒灯可以更换光源。如果根据天花板高度选择适合的光照度灯头，那么即使房间的天花板高度不同，也可以使用统一口径的灯具。

在天花板较低的地方，比如坐在沙发上放松休息的客厅，光源很容易直接照射眼睛。相比光线指向性强的卤素型灯具，最好采用光线柔和的白炽灯。另外，如果使用减少眩光的灯具产品❷，如"DN-3299"（山田照明）等灯罩内侧挡板呈波形的灯具，就能有效防止强光照射眼睛。

如何选择照亮天花板的槽灯

间接照明能够拉近灯具与建材之间的距离，因此要注意间隔距离。每个产品和使用方法都规定了最小施工尺寸，所以一定要确认规格。

根据光线延伸的程度，选择光照度的方法也不同。如果想将光线从较高的天花板上送到远处，可以选择中角型（35°），如果想让光线沿着水平方向传播，可以选择单方向偏光的斜光型（50°），如果想让光线变得柔和，可以选择散光型（65°）。

在使用间接照明照亮天花板的情况下，如果灯光明暗截止线❸太宽，就会清楚地显露出墙面的明暗界限。设计时要考虑清楚应该照亮哪一面。

能够调整明暗截止线，起到隐藏灯具作用的幕布板。在确定高度时，需要考虑与天花板和墙壁之间的距离、灯具本体的高度、空间的大小等各种条件。另外，"小撒"（大光电机）等产品不需要考虑幕布板。

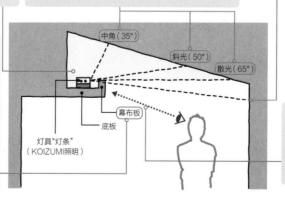

间接照明的重点在于隐藏灯具，只显示光线。调整底板进深和幕板高度，让空间看起来更加美观。

解说　索诺贝设计办公室

❶光从照明设备扩散的角度，指灯具正下方光照度 1/2 的点与光源连接成的线所成的角度。
❷通过加深与发光部分之间的距离，去除刺眼眩光的产品。
❸光源照射的光的分界线。

要点

照明灯具的高度尺寸资料汇总

人体传感器和LED照明等体积小、性能高的照明设备正在研发中。为了熟练使用这些器具，设计时必须掌握相关的限制。例如，LED照明的优点是体积小、性能高，但越小的器具越需要外部电源等附属设备。在设置的时候，有时需要预测嵌入尺寸。

▷ 人体传感器检测范围从地板到700mm

人体传感器共有两种类型：一种安装在天花板上；另一种安装在墙壁上。安装在天花板上的传感器形状类似筒灯，所以不太显眼。考虑到外观设计，部分产品的传感器部分带有灯罩❶。

由于传感器需要检测人体活动造成的空气中的温度变化并做出反应，所以应避免在检测范围内设置白炽灯、空调设备和观叶植物等。照明灯具与传感器之间的距离不能低于400mm。

由于距离传感器越远，检测范围就越大，所以使用专用灯罩缩小检测范围（图中的虚线范围），调整传感器的角度来调整检测范围。为了感知手部动作，可以将检测范围设定为距离地面700mm高的位置。

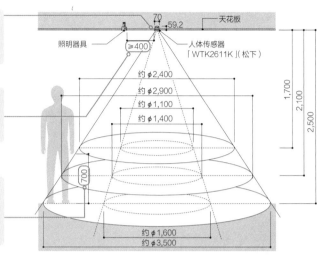

▷ LED线间接照明的施工尺寸

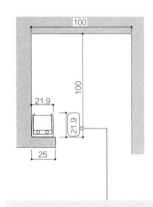

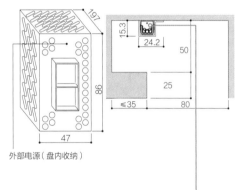

外部电源（盘内收纳）

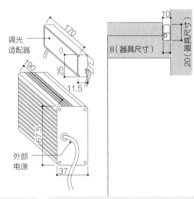

"Luci silux 100V"的机身高度为21.9mm，不需要外部电源。如果使用普通的100V插座，那么即使产品报废，也可以用其他设备代替。图中为檐口照明的建议施工尺寸。

最近，越来越多的人想在浴室安装间接照明设备。"模块LEDs bar24V"（MORIYAMA），虽然需要外部电源，但配有防潮设施，可以安装在水源附近和室外。图中为用于浴室墙面照明时的最小施工尺寸。

"extreme compact"（DN照明）厚度仅为8mm，可放入10mm的狭缝中，需要外部电源或调光适配器。图中为最小施工尺寸。

▷ 筒灯的安装高度

筒灯的安装高度为施工时各灯具及附属设备所需的天花板上层的最低尺寸，部分产品需要更多的间隔距离。

可以改变光源角度的通用型设备和可以更换光源的插座型设备，仅主体高度就需要110~140mm。

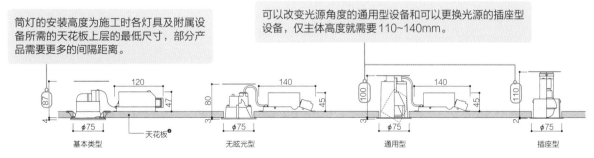

---

❶ 重视外观的设计性，为了隐藏内部构造而设置的盖子。需要注意的是，灯罩会降低有效检测高度。
❷ 可安装的天花板厚度为浅型5~15mm，其他为5~25mm。

著作权人名表

青木律典
设计生活设计室
1973年出生于神奈川县。曾在日比生宽史建筑计划研究所、田井胜马建筑设计工房工作,2010年成立青木律典建筑设计工作室,2015年改组为设计生活设计室。

安藤和浩
Ando 工作室
1962年出生于东京都。1985年毕业于武藏野美术大学建筑系。1988年成立Ando工作室。1990年与汤姆·海内肯(英国)一同创办了建筑设计工作室,并参与了熊本县artpolis城市规划项目。1991年担任富山县『城市面貌建设』事业的项目协调员。1998年重开Ando工作室。

饭冢丰
iplus i 设计事务所
1966年出生于东京都。1990年毕业于早稻田大学理工学部建筑系。曾在城市设计研究所和大高建筑设计事务所任职,于2004年成立i+i设计事务所。2021年改组为iplus i设计事务所。

井上久实
井上久实设计室
1967年出生于奈良县。1990年毕业于大阪市立大学生活科学部居住系。1990~1998年大林组大阪本店建筑设计部。1998~1999年居住在伦敦。2000年成立井上久实设计室。

小野喜规
小野建筑设计事务所
1974年出生于京都府。1999年早稻田大学大学院理工学研究科硕士课程结业。曾在山下设计、村田靖夫研究室工作,2005年成立小野建筑设计事务所。

北村佳巳
北村建筑工房
1965年出生于神奈川县。1988年毕业于神奈川大学工学部建筑系。同年进入小田急不动产公司。1993年入职北村建筑工房。2010年更名为北村建筑工房,同时担任公司法人。

斋藤文子
3110ARCHITECTS一级建筑师事务所
1974年出生于长野县。1998年毕业于日本大学理工学部建筑系。曾在本间至/铅笔一级建筑师事务所任职,2008年作为设计事务所开始活动。2013年成立了一级建筑师事务所斋藤文子建筑设计

事务所。2018年更名为3110ARCHITECTS一级建筑师事务所。

佐藤欣裕
MOLX 建筑公司
1984年出生于秋田县。2012年起担任MOLX建筑公司的董事长。

真田大辅
SUWA 制作所
1976年出生于茨城县。1998年毕业于武藏工业大学建筑系。1999年入职手冢建筑研究石川制作所。2002年成立SUWA制作所。

柴秋路
秋路设计
1974年出生于东京都。1997年毕业于工学院大学工学部机械系。2006年从青山制图专科学校建筑系毕业后,曾从事门店设计和监理工作,2008年加入力拓设计。2012年成立秋路设计,从事新房、商铺、家具等设计工作。

岛田贵史
岛田设计室
1970年出生于大阪府。1994年毕业于筑波大学艺术专业学群环境设计专业系。1996年京都工艺纤维大学设计工学系造型工学专业结业。曾在prec研究所工作,2008年还成立岛田设计室。2020年担任明星大学建筑学部外聘讲师。

杉浦传宗
Arts & Crafts 建筑研究所
1952年出生于爱知县艺术研究所。1974年毕业于东京理科大学理工学部建筑系。同年进入大高建筑设计事务所。1983年成Arts & Crafts建筑研究所

杉浦充
JYUARCHITECT 充综合计划一级建筑师事务所
1971年出生于千叶县。1994年毕业于多摩美术大学美术学部建筑系。同年加入中野集团(现为中野房地产建设)。1999年多摩美术大学大学院硕士课程结业。同年复职。2002年成立JYUARCHITECT充综合计划一级建造师事务所。2010年担任京都艺术大学兼职讲师。2021年担任日本大学兼职讲师,ICS艺术学院兼职讲师。NPO法人家族建设协会理事。建筑家住宅协会监事。

关尾英隆
Asunaro 建筑工房
1969 年出生于兵库县。1995 年东京工业大学大学院理工学研究科硕士课程结业。曾在日建设计、冲工务店工作。2009 年成立了 Asunaro 建筑工房。

关本龙太
Riota 设计
1971 年出生于埼玉县。1994 年毕业于日本大学理工学部建筑系，1999 年之前在 ad-network 建筑研究所工作。2000~2001 年在芬兰赫尔辛基理工大学（现阿尔托大学）留学。回国后，于 2002 年成立 Riota 设计。

圆部龙太
圆部设计办公室
1968 年出生于京都府。1990 年毕业于京都艺术短期大学（现京都艺术大学）。同年加入照明制造商小泉产业（现小泉照明）。2002 年成立圆部设计办公室。

竹内昌义
MIKAN
1962 年出生于神奈川县。1989 年东京工业大学大学院硕士课程结业。1989~1991 年在工作站一级建造师事务所工作。1991 年成立竹内昌义工作室。1995 开设 MIKAN。2001 年～任东北艺术工科大学副教授。2005 年担任教授。2014 年担任能源城市建设社代表董事。

田野惠利
Ando 工作室
1963 年出生于栃木县。1985 年毕业于武藏野美术大学建筑系。1986 年在旅鼠之家，师从中村好文先生。1991 加入建筑工厂。1998 年共同主持 Ando 工作室。

土田拓也
no.555 一级建筑师事务所
1973 年出生于福岛县。1996 年毕业于关东学院大学建设工科。1996~2001 年前泽建筑事务所。2005 年成立 no.555 一级建造师事务所。2014 年改组为股份有限公司。

丹羽修
NL 设计室
1974 年出生于千叶县。1997 年毕业于芝浦工业大学工学部建筑系。2003 年成立 NL 设计室。在千叶县柏市、神奈川县镰仓市设有工作室。NPO 法人家建设会会员。

布田健
国立研究开发法人 建筑研究所 建筑生产研究小组 组长
1965 年出生于东京都。1989 年毕业于东京理科大学工学部建筑系。1995 年同大学研究生院工学研究科建筑学专业博士课程后期结业。获工学博士。曾任日本学术振兴会特别研究员、科学技术振兴事业团科学技术特别研究员、国土技术政策综合研究所住宅信息系统研究官，现任国立研究开发法人建筑研究所建筑生产研究小组组长。

根来宏典
筑纺
1972 年出生于和歌山县。1995 年毕业于日本大学生产工学部建筑工学系。同年进入古市彻雄城市建筑研究所。2004 年成立根来宏典建筑研究所。2021 年改名为筑纺。2005 年日本大学大学院博士后期课程结业，工学博士。NPO 法人家族建设会会员（2012~2018 年担任理事）。2021 年京都美术工艺大学讲师。

日影良孝
日影良孝建筑工作室
1962 年生于岩手县。1982 年中央工校毕业。1996 年成立日影良孝建筑工作室。

广部刚司
广部刚司建筑研究所
1968 年出生于神奈川县。1991 年毕业于日本大学理工学系，之后进入芦原建筑设计研究所。工作 7 年后，耗时 8 个月走访世界著名建筑。1999 年回国后成立了广部刚司建筑设计室。2009 年改组为广部刚司建筑研究所。现任日本大学理工学部讲师。

藤原慎太郎
藤原·室建筑设计事务所
1974 年出生于大阪府。1997 年毕业于近畿大学理工学部建筑系。1999 年同研究生院工学研究科结业。2002 年设立藤原·室建筑设计事务所。

前田哲郎
前田工务店
1977 年出生于神奈川县前田哲郎。2004 年创办前田工务店。2009 年成立前田工务店。

松原正明
木木设计室
1956 年出生于福岛县。毕业于东京电机大学工学部建筑系。

1986年成立松原正明建筑设计室。2018年更名为木木设计室。NPO法人家建设会设计会员。

松本直子
松本直子建筑设计事务所
1969年出生于东京都。1992年毕业于日本女子大学居住系。曾任职于川口通正建筑研究所，1997年成立松本直子建筑设计事务所。

三泽文子
Ms建筑设计事务所
1956年出生于静冈县。1979年毕业于奈良女子大学理学部物理系。1982年入职现代规划研究所。1985年共同设立Ms建筑设计事务所。

村田淳
村田淳建筑研究室
1971年出生于东京都。1979年毕业于东京工业大学工学部建筑系。1982年东京工业大学研究生院建筑学专业硕士课程结束后，进入建筑研究所Arkivision工作。2007年担任村田靖夫建筑研究室法人。2009更名为年村田淳建筑研究室。

室喜夫
藤原·室建筑设计事务所
1974年出生于爱知县。1999年毕业于近畿大学理工学部建筑系。2002年设立藤原·室建筑设计事务所。

山崎壮一
山崎壮一建筑设计事务所
1974年出生于兵库县。1997年毕业于早稻田大学理工学部建筑系。1999年同大学大学院理工学研究科结业。1999~2004年在板桩建筑研究所工作。2004~2008年参与工务店策划，2009年成立山崎壮一建筑设计事务所。

山田宪明
山田宪明构造设计事务所
1973年出生于东京都。1997年毕业于京都大学工学部建筑系。同年加入增田建筑构造事务所。2012年成立山田宪明构造设计事务所。

山田浩幸
山田机械有限公司
1963年出生于新潟县。1985年毕业于读卖东京理工专门学校建筑设备系。曾任职于乡设计研究所等，2002年成立山田机械有限公司。从事住宅与非住宅的多种建筑设计工作。

若井正一
日本大学名誉教授
1946年生于新潟县。1973年毕业于日本大学理工学部建筑系。1975年同大研究生院工学研究科建筑学专业结业。1984~1985年英国皇家艺术大学外派研究员。1988~1989年东京大学工学部建筑系国内派遣研修员。1995年东京大学工学博士。2015~2016年东京艺术大学研究生院美术研究科设计专业研究生。2015年至今担任日本大学名誉教授。一级建造师。

若原一贵
若原工作室
1971年生于东京都。1994年毕业于日本大学艺术系。同年进入横河设计工作室。2000年设立若原工作室。2016年担任东京建筑Access Point理事。2019年担任日本大学艺术学部设计学科准教授。